Qiche Luntai Xuanyong Shouce

汽车轮胎选用手册

王加中　主编

人民交通出版社股份有限公司

北　京

内 容 提 要

本手册是作者根据多年来从事汽车轮胎销售的经验，在参考大量有关资料的基础上编写而成的。主要介绍了汽车轮胎的种类、作用、构造等基本知识，轮胎的合理选用，轮胎常见故障及原因，轮胎的正确使用与维护，还附有汽车轮胎专卖店一览表。本手册图文并茂、通俗易懂、实用性强。

本手册可供汽车驾驶员、汽车轮胎销售人员使用。

图书在版编目(CIP)数据

汽车轮胎选用手册/王加中主编;王振军等编. —北京:人民交通出版社,1998(2022.5 重印)

ISBN 978-7-114-02990-5

Ⅰ.汽… Ⅱ.①王…②王… Ⅲ.汽车轮胎—手册 Ⅳ.U463.341-62

中国版本图书馆 CIP 数据核字(98)第 09065 号

前　　言

1995 年 10 月，日本东洋工业株式会社工程师苫野浩幸先生，在我国由南向北，对报废的 122 条轮胎，进行了一次系统的调查（详情附后），结果吃惊地发现，真正“寿终正寝”的轮胎只占 25.9%，而其他的 74.1%，均是由于使用不当或修理不当等原因造成的。当他告诉我这一调查结果并幽默地对我说“在你们中国轮胎一定卖得多”时，我的心里很不是滋味。25.9% 和 74.1%，仅此两组数字，我国每年的经济损失该有多大啊！

同年 11 月 16 日，《人民日报》（海外版）报道：“成渝高速路 20 余辆车相撞，造成 6 人死亡，10 多人受伤，其原因——轮胎爆裂。”《华东信息报》1996 年 11 月 3 日报道：“沪宁高速路开通头 5 天，就有 100 多次爆胎事故，之后总也隔三岔五地发生爆胎。”该报同一天同一版还有这样一篇报道：“1996 年 9 月 29 日，江苏启东市中学副校长王生等带领即将参加江苏省第 13 届中学生物理竞赛的 7 位学生，前往南京理工大学进行物理实验强化培训……他们的车子上了沪宁高速公路……突然轮胎爆炸，汽车瞬间失去控制撞翻在地……”一车物理精英的命运就这样掌握在轮胎手里。一组组数字，一篇篇报道，令我寝食不安。

我是一个轮胎营销工作者，在几年的工作中，深知轮胎对于安全的重要性，但遗憾的是，在这近几年当中，我竟没有遇到过几个对轮胎有所重视的驾驶员。那时，我心里就有一种隐隐作痛的感觉。国外的驾驶员对于轮胎的重视已像重视西服（礼服、晚礼服……）一样把轮胎分成雪地胎、高速胎等，在不同的季节、不同的路面使用不同的轮胎。这主要是因为政府对于轮胎的重视和宣传，比如日本在昭和六十一年（1986 年）一年当中对轮胎共进行了 94 次路检，而我们的驾驶员对于轮胎的认识却还停留在“不就是黑色的车轱辘吗”上。这不能不引人深思。

现在随着我国高速路的不断发展和贯通，高速路上因爆胎翻车的事故时有发生，大量血的事实惊醒和教育了一部分驾驶员朋友，也引起了一些有识之士的重视。现在有很多人想了解这方面的知识，但到目前为止，我国还没有一本关于正确使用轮胎的书籍问世。基于此，笔者集几年来工作中的经验，搜集整理了有关轮胎方面的知识，详细地介绍了各方面的常识，现将这些整理成册，以飨广大驾驶员朋友。

该手册采用以文字和图片相结合的方法加以介绍，这样，既有趣味性，又通俗易懂，使读者能一目了然。

参加本手册编写的人员有王加中、王振军、黄四平、李红林、陆振国、孙承言、宋锋、刘凯成、郑圆贵、苏宏友等。

笔者并不是轮胎方面的专家，只是凭着一种对社会的责任感和紧迫感。因此，才敢于越俎代庖，其中免不了有错误之处，在此恳请专家指正。

这本小册子的出版，如果能使 25.9% 和 74.1% 两组数字能有较大的变动，或让报纸或电视台少些关于爆胎翻车的报道，则我愿足矣。

编　者

1997 年 12 月

目　录

概　　述

汽车轮胎,它并不是常人所想象的那样,只不过是一个简单的“黑色车轱辘”,其实,它是汽车上一个十分重要的部件,它所起到的综合作用,是其他任何部件所不能比的。正确选择、维护和使用轮胎,不但可以使轮胎长寿,节省开支,更重要的是,它可以避免爆胎翻车等恶性事故的发生。

在国外,比如日本,除了政府有关部门向驾驶员广泛宣传轮胎知识以外,日本汽车轮胎协会(JATMA)每年都要在全国各地进行无数次轮胎检查。一方面检查轮胎的使用和维护情况,另一方面,还要询问驾驶员有关轮胎方面的知识。

例如在昭和六十一年(1986 年)举行的全国交通安全运动期间,日本全国共实施了 94 次轮胎路检。在 94 次路检中,共有 15228 辆车接受了检查,这次轮胎检查的结果显示,轮胎不良的车辆共有 2491 辆,占全部被检车辆的 16.4%。其中占比例最大的三项是:①轮胎沟深不足占 11.5%;②异常磨损占 3.5%;③轮胎气压不当占 1.3%。根据车种不同,轮胎不良率占第一位的是大型货车,占 24.7%;其次是特种车,占21.3%;普通货车占 21.1%;大型巴士占 20%。普通乘用轿车接受检查的共有 3263 辆,其中有 360 辆维护不良,不良率占 11.2%。主要原因有:①轮胎沟深不足占 4.4%;②异常磨损占 3.6%;③轮胎气压不当占 2.3%;④胎侧受伤占 0.5%;⑤胎冠被铁钉等物刺伤占 0.4%。对检查不合格的车辆除限时改正以外,还发轮胎方面的宣传材料让驾驶员学习。通过类似的检查、监督和宣传,国外有些驾驶员对于轮胎的重视已像对待自己的西装一样,不但维护得很好,而且还根据不同的路面、不同的季节而使用不同的轮胎。从而使轮胎充分发挥其作用,基本上保证了轮胎的使用寿命。

在我国,因为汽车工业发展得比较晚,高速路也比较少,因此,对轮胎的要求不是很高,所以,在很大程度上忽略了轮胎知识的宣传。有很多驾驶员,对于轮胎未给予足够的重视,正如上面所说的那样,只是把轮胎简单地看成了“黑色的车轱辘”。而随着我国汽车工业的飞速发展和高速公路的不断贯通,轮胎方面的问题也逐渐暴露出来。

近几年来,在国内高速路上因轮胎爆裂而引发的多起重大交通事故已令人触目惊心。这些血的教训和经济损失是肉眼看得见的,而因维护和使用不当使轮胎夭折而造成的经济损失,则并不是任何人都了解的,但它的损失则更是巨大的。日本东洋工业株式会社工程师苫野浩幸先生在 1995 年 10 月对中国市场进行了一次调查。在这次调查中,苫野先生在中国不同的地区,对报废的 122 条轮胎进行了详细的调查,结果发现,因正常磨损而报废的轮胎只占 25.9%,而其他的 74.1%,都是因使用或修理不当等原因造成的。具体分析如图 0-1、图 0-2 所示。

25.9% 和 74.1%,两组数字多么令人痛心啊!仅此一项,我国每年的经济损失该有多么巨大呀。

因此,在我国,对驾驶员进行轮胎知识的宣传,已是迫在眉睫,刻不容缓。

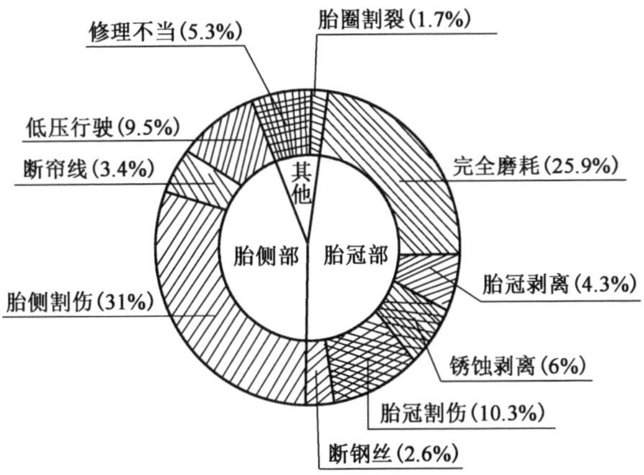

图 0-1　全国各种品牌中 122 条轮胎的报废原因及其比例

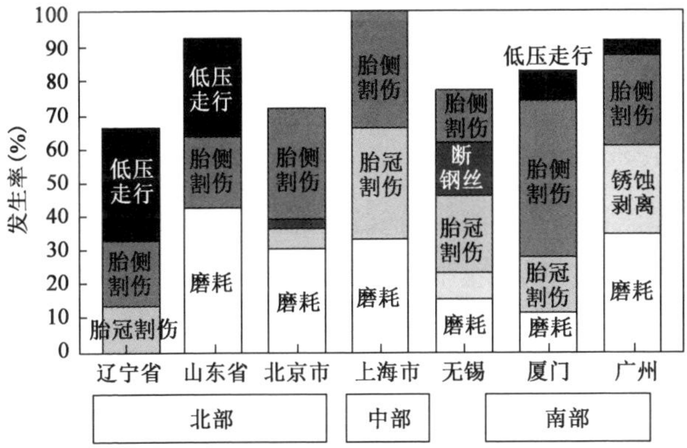

图 0-2　不同地区、不同原因轮胎报废发生率的比较

1 轮胎的种类

提起轮胎的种类,其实有很多种分法:有按车种分类的,有按用途分类的,有按大小分类的,有按花纹分类的,有按构造分类的。

●按汽车种类分类

轮胎按车种分类,大概可分为8种。即:PC——轿车轮胎;LT——轻型载货汽车轮胎;TB——载货汽车及大客车轮胎;AG——农用车轮胎;OTR——工程车轮胎;ID——工业用车轮胎;AC——飞机轮胎;MC——摩托车轮胎。如图1-1所示。

●按轮胎用途分类

轮胎按用途分类,包括载重轮胎、客车用轮胎及矿山用轮胎等种类。载重轮胎除了在胎壁上标有规格尺寸以外,还必须标明层级数。但在这里需要告诉大家的是,载重轮胎的层级数并不是指它的实际层数,而是指用高强度材料帘线制作胎体的轮胎,其负荷性能相当于用棉帘线制作胎体的轮胎的帘布层数。这是因为棉帘线是最早用于制作胎体帘线的,因此,国际惯例即以棉帘线层为表示轮胎层数的基准。不同的层级,轮胎的负荷能力不同。即使相同规格的轮胎,因为它的层级数不同,它的负荷能力也不相同,所以,不同层级的轮胎，不能在同一轴上使用，否则，在高速行驶并负载的情况下就会发生危险。比如：解放车用的 900—20 轮胎（16 层级）就不能和 900—20 轮胎（14 层级）同用在一轴上，因为它们的层级不同，负荷不同，混用以后就容易发生危险。

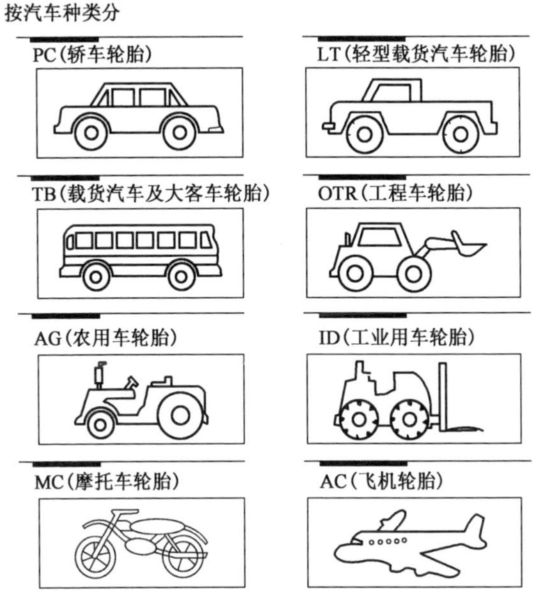

图 1-1　轮胎按车种的分类

轻型货车或面包车用的轻型子午线载重轮胎都要在轮胎型号的后面加一个字母“C”，以便和轿车用的子午线轮胎加以区分。如：金杯面包车用的轮胎 185SR14C，其中的“C”即指此轮胎为轻型载重轮胎。而美国标准则规定：客车用的轮胎，要在轮胎规格前面用字母“P”加以表示。如：切诺基用的 P215/75R15 轮胎，其中的“P”即指此轮胎为客车用轮胎。有很多驾驶员不懂得这个“P”字的含义,一味迷信它,认为美国车上就必须使用带“P”的轮胎,因此,在换轮胎时没有“P”字的轮胎不敢使用,经常闹出一些笑话。有些轮胎经销商,在遇到有这种心理的驾驶员以后,便把带“P”字的轮胎价位卖得很高。其实“P”字只是美国的一种规定,比如,我国上海回力轮胎厂生产的轮胎185/70R14轮胎,要出口美国给福特厂生产的天霸车配套使用,那么,根据美国的规定,上海回力厂生产的185/70R14轮胎的前面就要加个“P”字,以示此轮胎为客车用轮胎。所以,您在换轮胎时,千万不要被这个“P”字唬住。相反,这个“C”字,您倒要注意,并且,如果您的车属于轻型载货汽车,那就一定要坚持做到无“C”字轮胎不换。前面说过金杯面包车用的是子午线185SR14C轮胎,而奥迪轿车用的也是子午线185SR14轮胎,从轮胎的规格型号来看,并没有什么区别,但就因为金杯面包车用的185SR14C轮胎上有个“C”字而奥迪轿车用的185SR14轮胎上没有这个“C”字。因此,它们的气压、负荷等就有很大区别。轻型载货汽车一旦换上了无“C”字的轮胎,就要测算一下轮胎是否可以承载车的自重和预计要载的货物,如果轮胎的限定承载量小于车的自重和要载的货物质量,就一定不要使用,或者在载客或载物时,心中要有数。否则,就像在自己的车上安了四颗不定时炸弹,不知何时载质量超过了轮胎的限量,速度达到了一定程度以后,就会发生爆胎翻车等恶性事故。因此,请广大驾驶员朋友特别注意,如果您的车需要用带“C”字的轮胎,最好别让这个“C”字没有了。

此外,轻型载重轮胎有时也用“LT”在轮胎型号的前面或后面加以表示。比如:LT215/75R15和145R12LT(山东三角牌)等轮胎,其中的"LT"也指此胎为轻型载重轮胎。

在这里我要特别提醒广大驾驶员注意,这也是本人在工作中经常遇到的情况:有些面包车和客货双排小货车的驾驶员,为了行驶舒适和安全,往往要将原车配的斜交轮胎换成子午线真空胎,单从斜交轮胎和子午线真空胎角度比较,无疑是真空胎要安全得多,但一定要考虑到您的车是不是要载重物,如果要载重物,一定要换那种带"C"或"LT"的轮胎。此外,还要了解子午线轮胎和斜交胎的互换性,也就是说,如果您想把原车用的斜交胎,改换成子午线轮胎时,请不要乱改,否则,会影响车的使用性能。

表1-1是斜交胎与子午线轮胎的互换表,请参照此表进行互换。此表仅指轮胎的尺寸的互换性,未考虑载重、速度等安全因素,也没有考虑轮胎与车体、挡泥板等部位的碰擦问题,届时,请实际察看,确定没有问题以后再行更换。

斜交胎与子午线轮胎互换表　　表1-1

斜交胎(BIAS)	子午线轮胎(RADIAL)			
	80系列	70系列	65系列	60系列
4.50-12	135R12	155/70R12	145/65R13	165/60R13
5.00-12	145R12	165/70R12	175/60R12	175/60R12
6.00-12	155R12	175/70R12	165/65R13	185/60R13
5.20-13	135R13	155/70R13	165/65R13	185/60R13
5.50-13	145R13	165/70R13	175/65R13	185/60R13
5.60-13	155R13	175/70R13	185/65R13	185/60R13
6.00-13	165R13	185/70R13	185/65R14	195/60R14
6.50-13	175R13	185/70R14	195/65R14	205/60R14
5.20-14	145R14	165/70R14	185/65R14	195/60R14

续上表

斜交胎(BIAS)	子午线轮胎(RADIAL)			
	80 系列	70 系列	65 系列	60 系列
5.60-14	155R14	175/70R14	185/65R14	205/60R14
6.00-14	165R14	185/70R14	205/65R14	225/60R14
6.50-14	175R14			
7.00-14	185R14			
7.50-14	195R14			
8.00-14	205R14			
5.60-15	155R15			
6.40-15	175R15			

●按轮胎大小分类

轮胎按大小分类,一般是指外胎的断面宽度在 17in(英寸,1in=25.4mm)以上的轮胎,这种轮胎属于巨型轮胎;外胎断面宽度在 17in 以下、10in 以上的轮胎属于大型轮胎;外胎断面宽度在 10in 以下的轮胎属于中小型轮胎。

●按轮胎花纹分类

轮胎按花纹分类有很多种,但大体上可以分为五种:

①直沟花纹,也叫普通花纹。这种花纹操纵安定性优良,转动抵抗小,噪声低,特别是排水性能优秀,不容易横向滑移。之所以叫它为普通花纹,是相对越野花纹和泥雪地花纹而言的。其实统而言之的普通花纹种类也很多,因为每个大的轮胎生产厂家都有自己的实验室和试胎场,无数的工程技术人员在那里研究花纹。不过在研究过程中,仁者见仁,

智者见智，有些花纹注重宁静和舒适，有些花纹注重防水防滑，有些花纹注重抓地性，而有些花纹则注重滚动阻力小、节省燃料。因此，虽然只是窄窄的胎面，却有万种变化，真可谓“方寸之间，万花世界”。而且每个大的生产厂家，每年还都在不断地推出新的花纹。

②横沟花纹。横沟花纹的驱动力、制动力和牵引力特别优秀，而且其耐磨性能极佳，因此，十分适合如推土机、挖掘机等工程车辆使用，但横沟花纹的操纵性和排水性能较差。

③纵横沟花纹。纵横沟花纹也叫综合花纹，它兼备了纵沟和横沟花纹的优点，因此，它也比较适合于吉普等越野车辆，如日本三凌吉普原厂配套使用的750—16轮胎，即是这种纵横沟花纹。

④泥雪地花纹。泥雪地花纹，顾名思义，是指专为适于泥地和雪地使用而设计的花纹。它用字母“M + S”表示，“M”指泥地，而“S”指雪地。此类轮胎一般都直接将“M” + “S”锈刻在轮胎的侧壁上，使人一目了然。在国外，比如日本国家，大多数驾驶员为了雪天行车的安全都备有雪地胎，或使用防滑链，冬季一过，有些不愿保存到来年使用的人，就把雪地胎卖掉。现在我国有很多人在经营这种轮胎，规格以微型车用的最多，他们给这种轮胎取名为“落地新”，意即：落（着）过地，但还很新。在此提醒使用者，在使用这种轮胎时，一定要将胎面上的防滑钉去掉，否则，会破坏路面，因为我们很多驾驶员购买这种轮胎并不是为了雪天使用。

雪地用胎，用一冬季即卖掉很浪费，但保存起来又很占地和麻烦，为了解决雪胎夏季不能用的问题，日本BS公司曾研究了几种可以变化的花纹，如图1-2所示。这种花纹，随着轮胎的磨损,接地胎纹会起变化。首先,从冬天开始使用,雪地纹在雪地上发挥踏雪前进的优秀功效,而过了冬季,专为雪地而设计的肩部横沟已经磨损,表现出了一般普通花纹的性能。这样一胎二用,既解决了雪天用胎,又不会浪费,可谓用心良苦。同时也体现了日本商人的敬业精神。

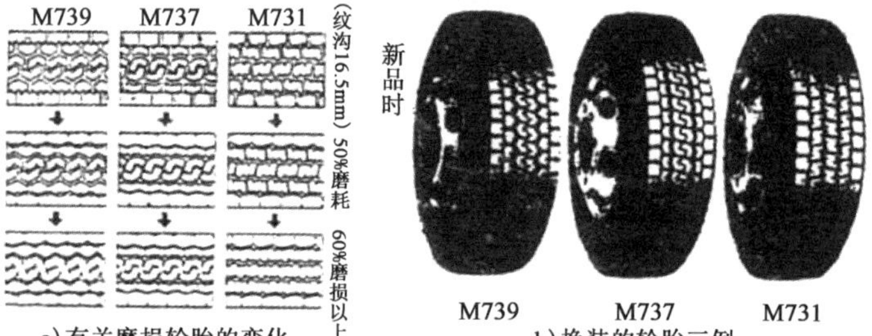

a)有关磨损轮胎的变化　　b)换装的轮胎三例

图 1-2　BS 公司研制的可以冬夏使用的轮胎

纵沟胎纹、横沟胎纹、纵横胎纹和块状胎纹四种基本胎纹及其特点如图 1-3 所示。

①纵沟胎纹=操纵安定性优良/转动抵抗小/噪声低/排水性佳/不易横向滑动。
②横沟胎纹=驱动力、制动力、牵引力优/耐磨性佳。
③纵横胎纹=兼具纵沟及横沟胎纹的优点。
④块状胎纹=驱动力及制动力都很好。

图 1-3　四种基本胎纹及其特点

⑤越野花纹。越野花纹是专门为适应干、湿、崎岖山路和泥泞、沙路而设计的花纹。这种花纹轮胎就像五项全能运动员一样,一身兼具数种特长,能适用各种恶劣环境和气候,因此,它是年轻人或吉普等越野车使用的最佳轮胎。越野轮胎,除了一样享有每个厂的花纹代号以外,一般还有十分动人的名字。如日本东洋轮胎 MG101 花纹,如图 1-4 所示。因为这种花纹极适应于泥沙、干、湿及崎岖山路,因此,该厂给它取了一个既有讽刺意味又有美好象征的名字——“诺曼底登陆”,取第二次世界大战时,美国五星上将艾森豪威尔指挥的诺曼底登陆战役之意(诺曼底登陆之所以取胜,有其他各方面因素,但当时盟军使用的轮胎能够在沙滩、山路畅行无阻,也是盟军取胜的一个重要原因)。从给它取的名字就可想象出这种花纹的卓越越野性能。

图 1-4　日本东洋轮胎 MG101 越野花纹

图 1-5　具有方向性花纹的宝力士 FZ4 轮胎

轮胎按花纹分类,可以归纳为上述五类,所以,当您了解了自己车上用的是什么花纹类轮胎以后,就可以到轮胎专卖店购买自己想要的轮胎。

此外,有些轮胎的花纹具有方向性,如图 1-5 所示,这种花纹主要考虑的是抓地性能,在安装这种轮胎时,要注意按滚动方向标记安装。如果轮胎上无标记,则以花纹的尖端先接触地面。但是,这种有方向花纹轮胎,如果在前后轮距等宽的越野车上使用,前轮的两个轮胎也可以反向安装。反向安装以后,如果您的车行驶在泥沙路上,前轮变浅,减少滚动阻力,可以节省燃料,同时,前轮滚过以后,路面稍加压实,这样有利于后轮通过,提高牵引力。这是在工作中总结出的经验,轮胎厂家并未如此要求,但您不妨一试,效果会很好。

●按轮胎结构分类

轮胎按照构造分类,以目前广泛使用的情况来分,可分为斜交轮胎和子午线轮胎两大类。

斜交轮胎在我国目前广泛被货车和面包车使用。如北京 1041 汽车使用的 650-16-10 轮胎,北旅面包车用的 750-14-8 轮胎,都是斜交轮胎。子午线轮胎多用于轿车。如上海大众厂生产的桑塔纳轿车使用的 185/70R13 轮胎,北京切诺基使用的 P215/75R15 轮胎,一汽捷达轿车使用的 175/70R13 轮胎等,即是子午线轮胎。

子午线轮胎在西欧等发达国家已被广泛使用。

斜交轮胎和子午线轮胎的结构分别如图 1-6、图 1-7 所示。

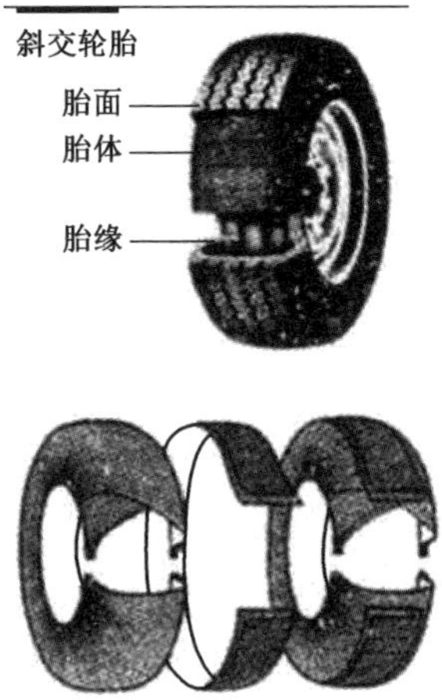

图 1-6　斜交轮胎的结构

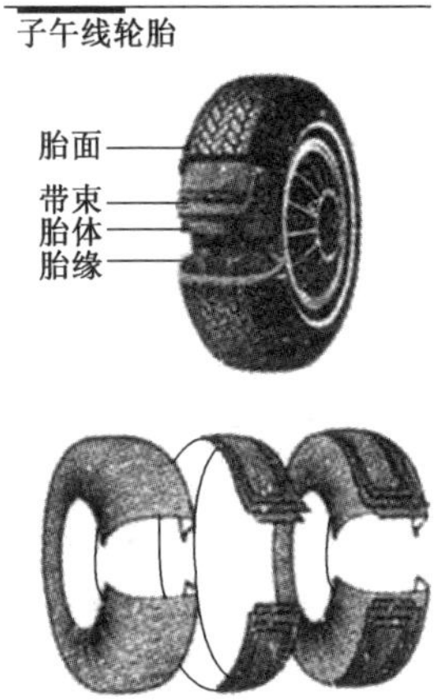

图 1-7　子午线轮胎的结构

2 轮胎的作用

一辆汽车要由上万种零部件组成，而每一个部件，一般只能起到一种作用。轮胎，也是汽车的零部件之一，但是，它和其他零部件所起到的作用却不同，它在汽车行驶当中要起到以下四种作用。

●承受载荷

一辆汽车不论是它的自重，还是乘人或载物，其重量都要通过车体传到轮胎，最后由轮胎肩负起全部的重担，所以，轮胎在承载方面起着十分重要的作用。如图 2-1、图 2-2 所示。

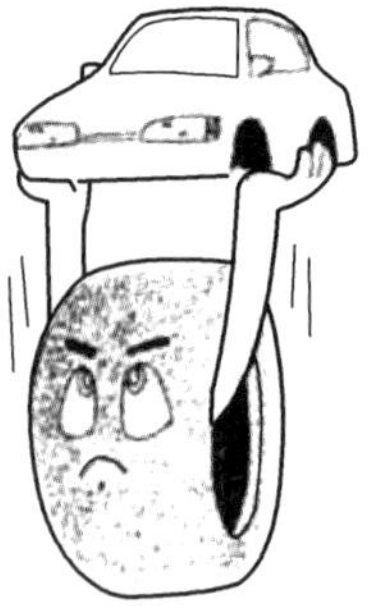

图 2-1 汽车上所有的重量都要由轮胎承担

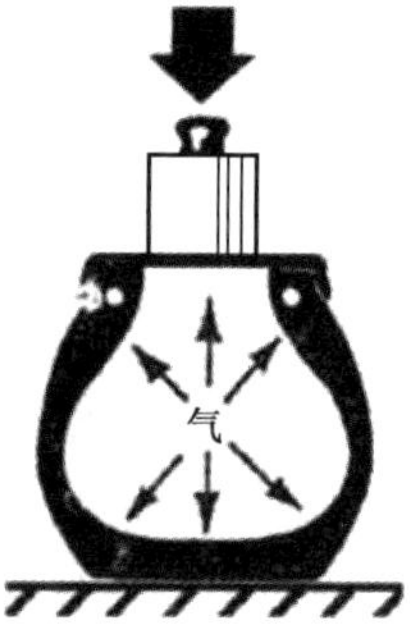

图 2-2 轮胎是靠比水还“柔弱”的空气来承载的，所以很舒适

●产生驱动力与制动力

因为轮胎是汽车上唯一与路面接触的部位，因此，不论是汽车的起动、行驶，还是制动、停车都要通过轮胎与路面“沟通”，并通过轮胎来完成汽车或汽车驾驶人员的意愿，如图 2-3、图 2-4 所示。

图 2-3　汽车的驱动力与制动力是通过轮胎产生的

图 2-4　汽车的起步与停车是通过轮胎实现的

●缓冲和吸震

未经铺设的路面，大多是凹凸不平的石子路，路面上会有很多碎石或坑、包，即使是铺设的路面，也经常有一些障碍物，影响汽车的正常行驶。在这种情况下，轮胎就会发挥它的卓越的缓冲和吸震功能，使汽车能在较为舒适的情况下前行。这是因为，轮胎本身就是由具有弹性的50%左右的橡胶制成，加之轮胎内的空气的绝妙的吸震功能，所以才能使汽车在恶劣的路面也能轻松自如地前行，如图2-5、图2-6所示。

图2-5 轮胎特殊的结构使其具有良好的缓冲和吸震功能

图2-6 轮胎保证了汽车在恶劣的路面上平稳行驶

●改变汽车行驶方向

汽车不论是转向还是掉头都需要由汽车的轮胎来完成，它经常要按照驾驶员的意愿来改变汽车行驶的方向，如图2-7所示。

正因为轮胎具有上述四大作用，因此，汽车才能在凹凸不平的路面上安全、自由、迅速、舒适地行驶；也正因它具有上述四大作用，所以，轮胎在整个汽车的零部件中才显得十分地重要。

图 2-7　汽车靠轮胎来改变行驶方向

实际上我们完全可以用一句话来概括轮胎的作用和重要性：当一个人坐到了汽车里面以后，那么，这个人实际上就完全交给了汽车，而汽车在行驶当中，实际上就全部交给了四个轮胎。轮胎一旦出现问题，不论是车辆还是车上的人，都会遭受到巨大的危险。所以，每一个驾驶员都应该十分在意自己的轮胎。

3 轮胎的构造

提起轮胎的构造，我们不妨先回顾一下轮胎的发展史。这对于我们加深对轮胎的了解和认识是十分重要的。

最早的轮胎是由木头制造的，这从我国古代的战车上和国外的绅士马车上都能看出。后来，当探险家哥伦布在1493—1496年第二次探索新大陆到达西印度群岛中的海地岛时，发现了当地小孩所玩的橡胶硬块，这使他大吃一惊。后来他把这个奇妙的东西带回了祖国，若干年以后，橡胶得到了广泛的应用，车轮也逐渐由木制变成了硬橡胶制造。但这时的橡胶轮胎却还是实心的，走起来还很不舒服，而且噪声也很大。直到1845年，出生于苏格兰的土木技师R·W·汤姆生发明了世界上第一条充气轮胎，并以《马车和其他车辆的车轮改良》为题，获得了英国政府的专利。同年12月10日，第一条充气轮胎诞生。第一个买充气轮胎的人叫罗列，是个贵族，四个轮胎的价钱合计为四十四磅二先令。1847年《科学·美国》杂志介绍了汤姆生的充气轮胎，称其为划时代的改良。但是，当时的英国，过于注重传统的绅士化，为了保护马车，限制蒸汽车的发展，汽车的速度在市区被限定为时速2mile（约3.2km），郊区为4mile（约6.4km）。这样，汤姆生的发明便没有了市场，因此，慢慢地也就被人们遗忘了。也就是说，汤姆生的第一次轮胎革命，并未给人类带来太阳一样的光明，因为人类所应经受的黑暗似乎还没有到头。但是太阳总是要出来的,因为人类以及万物都需要它,40多年以后的1888年,在爱尔兰当兽医的英格兰人J·B邓禄普先生取得了充气轮胎的专利。当时,J·B·邓禄普先生10岁的儿子强尼买了一辆三轮自行车,但是因为当时的轮胎还都是用硬橡胶做的实心轮胎,因此,在满是石头的路上行走时很不舒服,儿子的抱怨激发了邓禄普先生的灵感,因此,被遗忘了40多年的充气轮胎再次问世。随着时代的进步,邓禄普先生发明的充气轮胎很快在自行车上得到了应用,并迅速迈向了汽车领域,为世界汽车工业的发展作出了巨大贡献。

初期的充气轮胎,使用的是用涂有橡胶的帆布当胎体,因为帆布的纵线和横线互相交叉,行走时由于轮胎的变形,导致线的互相摩擦,这样,线就很容易被磨断,这时的轮胎只能跑200~300km。1903年,J·F·帕玛先生发明了斜纹纺织品,如图3-1所示,这种斜纹纺织品的发明促成了交叉层轮胎的发展,使轮胎的寿命向前跨了一大步。因为斜叉的胎体不会再因轮胎的行走而引起摩擦,帘线不容易被磨断,所以寿命大大加长。

图3-1 J·F·帕玛发明的斜纹纺织品

1930年米其林制造了第一个无内胎轮胎;1946年又生产了举世闻名的子午线轮胎。因此,轮胎的发展是经历了一个漫长的历程,在这漫漫长夜里,不知有多少代人为之付出了艰辛的劳动和高超的智慧。

车轮的起源与进化如图 3-2 所示。

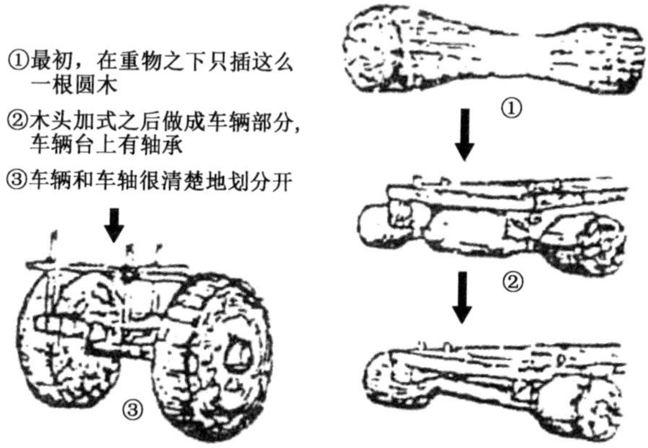

图 3-2　车轮的起源与进化

在介绍轮胎的构造之前,我们再来了解一下制造轮胎的原材料。有很多驾驶员可能会认为轮胎主要是由橡胶制成的,其实不然,橡胶在整个轮胎原材料中所占的比例只有不足一半,而其他材料均为各种添加物等,如图 3-3 所示。

橡胶内加入各种化学物品后,可使橡胶具有所需要的特性。添加在橡胶内的化学物品称为添加物。添加物有各种种类:强化剂、硫化剂、硫化加速剂、硫化减速剂、黏性剂、抗衰老(老化)剂等。其中的强化剂和硫化剂具有特殊的功能。橡胶添加上强化剂以后,密度会增加几倍,从而大大增加了橡胶的耐磨性。而橡胶一旦经过硫化过程,就会使橡胶的塑性改变成橡胶的弹性,如图 3-4、图 3-5 所示。因为轮胎的每一个部位受力和作用不同,所以需要不同性能的橡胶,而各种添加剂就能满足人们的不同需要(关于这一点,在后面还有详细的介绍)。

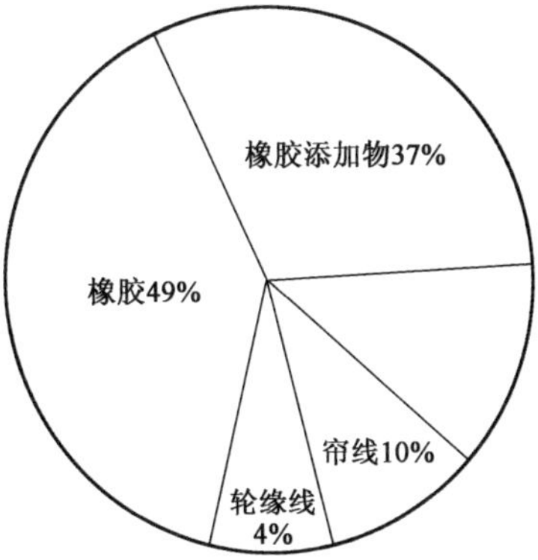

图 3-3　轮胎中各种原材料所占的比例

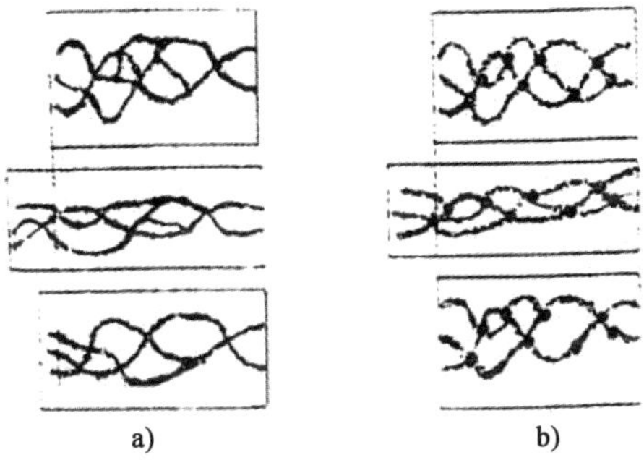

图 3-4　加硫及未加硫的橡胶

a)加硫后的橡胶,其各分子之间有无数的锁相互交叉结合(黑点部分),即使拉扯其相连部位亦不脱离,因此压力一消失马上可恢复原状;
b)未加硫的橡胶分子拉扯的样子及其恢复后的状态。可以看见,拉扯后分子的锁会离位,张力消失后,无法恢复原状。

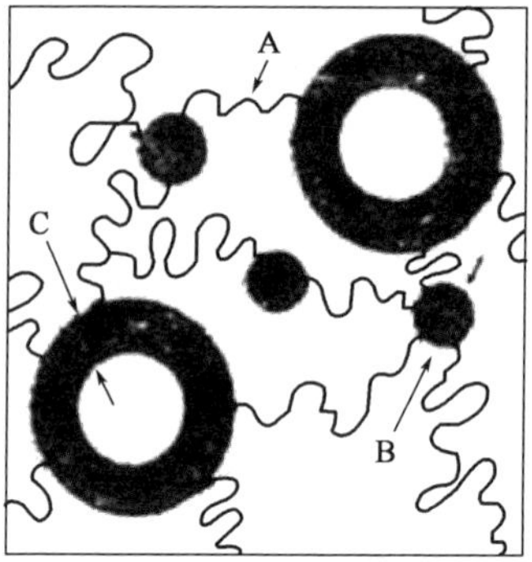

图 3-5 配合使用碳烟的橡胶加硫状态

A-橡胶分子;B-化学架桥下固定的橡胶分子;C-与碳烟结合,粒子四周集结了橡胶分子,相互坚固地联结在一起

表 3-1 是各种橡胶原料的特性。

各种橡胶原料的特性 表 3-1

	NR	SBR	BR	IR	EPT	HR
名称	天然橡胶	-硬脂-丁二烯-橡胶	-丁二烯-橡胶	-复合天然橡胶-异戊二烯橡胶	-乙烯-丙烯-聚合物	丁基橡胶异丁烯
结构	异戊二烯	硬脂丁二烯	顺式聚合丁二烯	异戊二烯	乙烯	异戊二烯
单位	kg/cm^2	kg/cm^2	kg/cm^2	kg/cm^2	kg/cm^2	kg/cm^2
张力	310	240~280	310	310	310	310
延伸率	70%	55%	70%	70%	70%	70%
耐磨性	好	很好	极好	好	不可	不可
抗热性	极好	不可	好	可以	极好	极好

续上表

	NR	SBR	BR	IR	EPT	HR
名称	天然 橡胶	- 硬脂 - 丁二烯 - 橡胶	- 丁二烯 - 橡胶	- 复合天然 橡胶 - 异戊二烯 橡胶	- 乙烯 - 丙烯 - 聚合物	丁基橡胶 异丁烯
疲劳强度	极好	可以	可以	好	好	好
寿命	好	好	好	好	极好	极好
气流喷射	好	好	好	好	好	极好
用途	橡胶制品 通用部件 胎面 胎体 翻修部件	胎面 胎体 翻修部件	胎面 胎体 翻修部件	胎面 胎体 翻修部件	内胎 气囊 胎侧	内胎 气囊 轮胎内层

●斜交轮胎的构造

斜交轮胎是由多层帘布斜交而成，如图 3-6 所示。

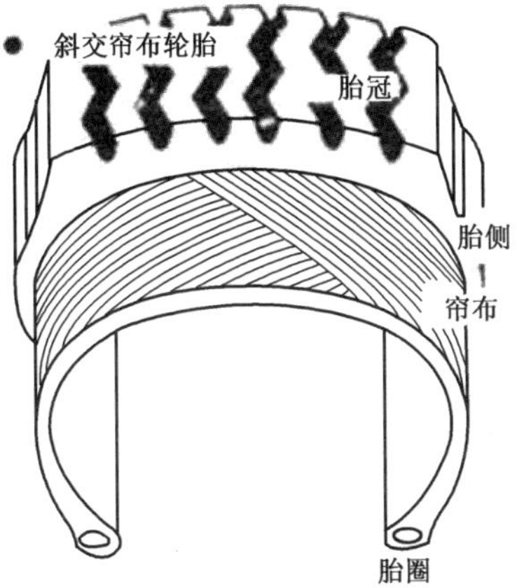

图 3-6　斜交轮胎的断面结构

斜交轮胎因为胎体帘布层材料不同又可分为棉帘线轮胎、人造丝帘线轮胎、尼龙帘线轮胎、聚酯帘线轮胎和钢丝帘线轮胎五类。

它们的特点分别如下：

①棉帘线轮胎。棉帘线轮胎的胎体是用棉花织品作为轮胎的胎体而制成的。棉线是最早用来作为胎体材料的，但因它的原始强力较低，胎体需要较多的帘布层。棉帘线胎体发热高、散热慢，翻新次数低，又容易吸水，因此，现在已不再使用。但虽然已不再使用棉帘线作为胎体，但不论以什么材料作为胎体，其胎体强度都是以棉帘线作为基准，这已成为世界惯例，也足可以让棉线永垂不朽了。

②人造丝帘线轮胎。紧随棉帘线之后被轮胎厂家广泛使用的是人造丝帘线。人造丝是在1889年的巴黎博览会上出现的一种新的纤维，它虽然不是丝，但却具有和丝一样的光泽和触感。它是由法国的生理学家依雷鲁·多·夏鲁东尼发明的。人造丝问世后，因为它的韧性极强，比棉花强度更好，又耐热并且耐疲劳，因此，很快成为轮胎帘线的主要材料。以人造丝为帘线制造的轮胎，较之棉帘线为胎体的轮胎，其综合性能强很多，因此使轮胎又向前跨了一大步。但人造丝也容易吸湿，在潮湿状态下强力降低。

③尼龙帘线轮胎。尼龙是由美国化学家华莱士·卡罗瑟斯发明的，由他所属的杜邦公司于1938年发表。尼龙问世以后，又一次引起世界轰动，当时有人称赞尼龙“比钢铁强硬，比蜘蛛丝更细，由煤、空气和水做成，具有相当好的弹性和光泽，是一种类似蛋白的纤维”。

尼龙被用作轮胎的胎体，使轮胎的强度更强，耐冲击、有弹性,密度小,胎温上升慢,并可多次翻新,而且不容易吸水。但它具有热胀冷缩的缺点,胎体容易变形。冬天车辆在室外停放时间稍长,轮胎就出现“平点”,即是此种原因。

④聚酯帘线轮胎。强度和尼龙差不多,伸缩度及热依存性则比尼龙好,因此,在国外被广泛用于乘用车轮胎的骨架。

⑤钢丝帘线轮胎。钢丝帘线轮胎是1946年由法国米其林轮胎公司发明的,这种轮胎的胎体强度大,滚动损失小,耐冲击,耐磨性能好,行驶安全,翻新率高。但它的胎体刚性较强,缓冲性能较差。

以上五种轮胎的线层的弹性率及伸缩率如图3-7所示。

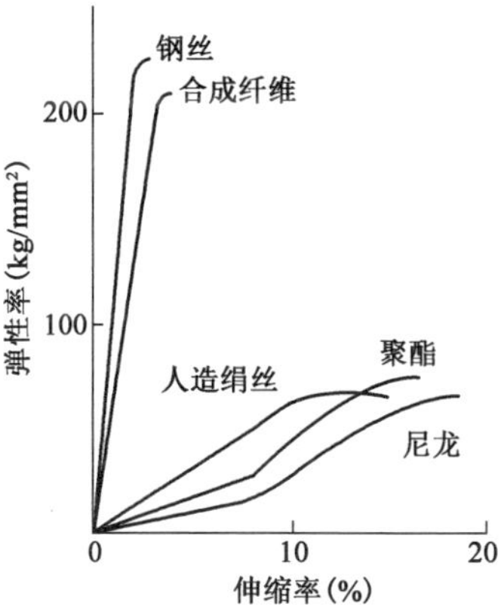

图3-7　五种轮胎线层的弹性率及伸缩率

了解了轮胎不同胎体的性能,有助于选择轮胎。比如行驶的地区较为潮湿,那就应避免选用人造丝帘线为胎体的轮胎。如果从翻新角度考虑,那么就可以选择能够多次翻新的尼龙帘线轮胎。总之应该并可以根据需要及使用范围决定购买和使用哪一种胎体的轮胎。

●子午线轮胎的构造

子午线轮胎是在1946年由世界著名的轮胎厂——米其林轮胎厂发明的。米其林轮胎厂是1830年由米其林(MICH-ELIN)兄弟的祖父巴比尔(BARBIER)与表兄弟多伯利(DAUBREE)合股,在法国科列蒙—费昂(CLERMONT-FERRAND)开办的一间小型农业机械厂,最开始生产橡皮球,1889年发明并制造了一个可在15min内拆换的自行车胎,在自行车赛上屡获冠军。1946年发明了子午线轮胎。

子午线轮胎的诞生,标志着轮胎业的发展进入了一个新的时代,它开创了轮胎发展史的新纪元。

米其林轮胎厂为世界轮胎史的发展作出了卓越贡献,在此特为其列一小传。

子午线轮胎帘布层内的帘线以轮胎中心点为中心成辐射状排列,然后在帘布上面用10°~20°(钢皮带内钢线的角度)的钢皮带箍住。如图3-8、图3-9、图3-10所示。

子午线轮胎的胎体多用尼龙和人造丝制成,而卡车等载重车用子午线轮胎的胎体则多用钢丝线层。此外,子午线轮胎因其每个部位所承受的力及功能不同,因此,所选用的胶料也不同,如图3-11所示。

下面是制造子午线轮胎时每个轮胎部位根据其不同功能而选用的胶料。

①胎面胶。因为轮胎的胎面要直接和路面接触,因此,它的耐磨性要好,滚动阻力和噪声要小,同时还要具备极好

的耐热性和耐刺性能。此外,子午线轮胎的缓冲伸张小,使胎面的承受负荷增大,特别是在较差的路面上更为明显,因此,胎面胶还要具有良好的弹性、耐疲劳性和较高的耐老化性能。所以,胎面胶的用料是十分讲究的。

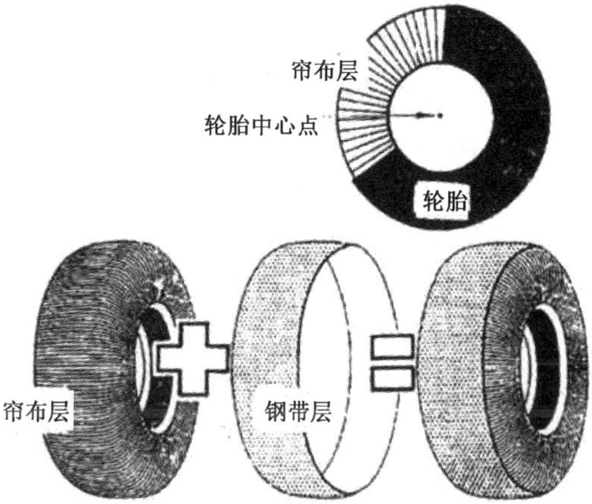

图 3-8　子午线轮胎的帘布层

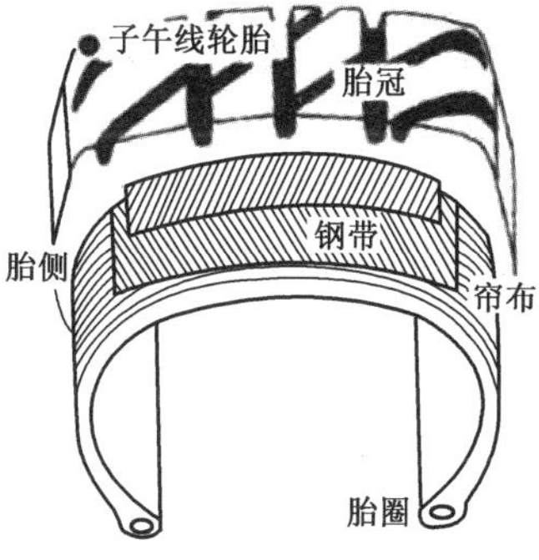

图 3-9　子午线轮胎的断面结构

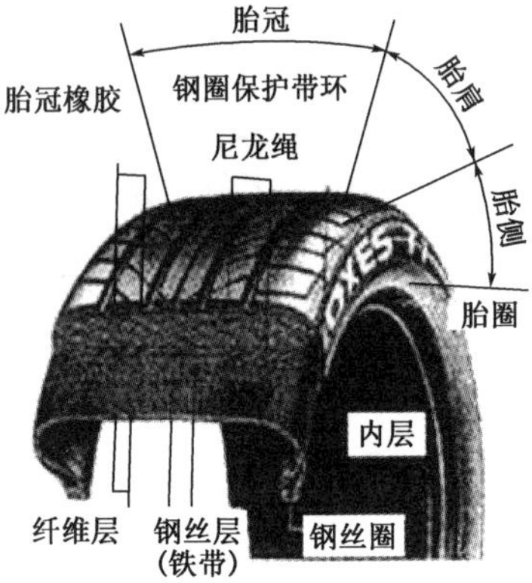

图 3-10　东洋轮胎 PROXES-T1 的结构

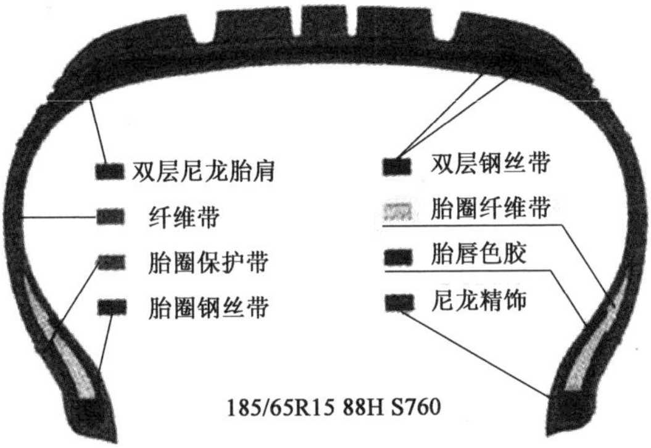

图 3-11　轮胎上不同部位用不同配方胶料

②胎侧胶。子午线轮胎胎侧的弯曲变形比斜交胎要大得多，因此，必须选用耐弯曲变形的橡胶才行。此外，胎侧在臭氧作用下很容易产生龟裂，同时，胎侧还承受较大的机械变形，所以，胎侧胶还应具有较低的定伸强度、优良的耐疲劳和耐臭氧性能。

③带束层胶。子午线轮胎的带束层比斜交胎缓冲层要承受更高的剪切应力，同时，还要实现硬缓冲层的平缓过渡和避免胎肩部位的脱空现象。所以，带束层胶应具有较高的强力、耐疲劳性、耐热性和黏合性。

④胎体帘布胶。子午线轮胎胎体的周向伸张变形和沿帘线的剪切变形比斜交胎大，因此，帘布胶应具有较高强力、耐疲劳性、耐热性和黏合性。同时，帘布胶还应具有高度的内聚力。

⑤胎肩垫胶。胎肩垫胶用以将帘布层和缓冲层端头隔开，使硬的胎面平缓地过渡到柔软的胎侧，并转移和吸收动态条件下集中胎肩部的应力，减少胎肩脱空的危险。由于胎肩垫胶位于高应力区，因此，应具有优异的耐疲劳性能和良好的黏合性能。

⑥胎圈三角胶。为了加强胎圈部位，使胎圈能够稳定成形，并形成胎圈向胎侧的刚性过渡，一般采用由一种硬度较大或两种不同硬度的三角胶条来填充钢圈和加强胎圈部分的胎侧，保证子午胎钢丝圈向柔软胎侧的平缓过渡。此外，这种胶还要具有良好的黏合性能。

从以上这些制造子午线轮胎所需的不同胶料即可看出，制造子午线轮胎是非常复杂和不容易的。

另外，子午线轮胎的生产技术要求十分严格，必须有先进的设备、精细的原料、严格的工艺管理及可靠的检测手段才行。可以说，子午线轮胎是人类智慧的结晶。

根据带束层和胎体用的帘线品种不同，子午线轮胎可以分为三类：全钢丝子午线轮胎、钢丝带束纤维胎体子午线轮胎（半钢丝子午胎）和全纤维子午线轮胎。

重型载货汽车用子午线轮胎大多为全钢丝子午线轮胎或半钢丝子午线轮胎；轻型载货汽车用子午线轮胎通常是半钢丝的子午线轮胎；轿车用的子午线轮胎有半钢丝的，也有全纤维的。

许多驾驶员并不了解自己车上用的或准备购买的是什么类别的轮胎。如果同一辆车上用了不同胎体的轮胎，会影响车的使用性能。因此，在换轮胎时最好先了解一下自己车上使用的是什么胎体的轮胎，如果是半钢丝的，仍然选用半钢丝的，如果是全纤维的，就仍然选用全纤维的。

下面是钢丝、尼龙和纤维的表示方法，它们镌刻在轮胎的胎壁上。

STEEL——钢丝；

NYLON——尼龙；

POLYESTER——纤维。

每一条轮胎的胎壁上都镌刻着该条轮胎的构造详情。也就是说，这条轮胎的胎冠是由几层××制成，而胎侧是由几层××构成，一目了然，使人一看便知。

例如：日本东洋轮胎 195/50R15 T1 花纹轮胎胎侧上的 PLIES(2POLYESTER + 2STEEL + NYLON)即指此轮胎为半钢丝子午线轮胎，它的胎冠是由二层纤维帘布和二层钢丝及一层尼龙制成。

又如上海回力 185/70R13 轮胎，它在胎侧是这样刻的：

TREAD：	2PLIES	POLYESTER
(胎冠)	(层级)	(纤维帘布)
	2PLIES	STEEL
	(层级)	(钢丝)

SIDEWALL： 2PLIES POLYESTER

（胎侧） （层级） （纤维帘布）

也就是说这条轮胎的胎冠是由二层纤维帘线和二层钢丝制造的；而它的胎侧则是由二层纤维帘线制成。

又比如日本横滨轮胎185/70R14（88H707花）是这样表示的：

TREAD： $POLYESTER_1$ + $STEEL_2$ + $NYLON_2$

（胎冠） （一层纤维帘布）（二层钢丝）（二层尼龙）

也就是说这条轮胎的胎冠是由一层纤维帘线和二层钢丝及二层尼龙帘线制成。

又比如美国固特异185/70R13（86S）轮胎，它是这样表示的：

TREAD：3PLIES 1POLYESTER +2STEEL

SIDEWALL：1POLYESTER

也就是说，这条轮胎的胎冠共有三层，即一层纤维帘线和二层钢丝制成；而胎侧是由一层纤维帘线制成。

再如，山东威海的三角牌轮胎165/70R13（79S · TR266花纹）是这样表示的：4PLIES（2STEEL +2POLYESTER），也就是说这条轮胎的胎冠是由二层钢丝和二层纤维帘线共4层组成。

胎冠和层级数越多，它的耐刺、载重等性能越优秀，但散热较慢。胎侧的层级数太少，一是胎体强度不够好，显得胎侧太软，容易被割伤，一是抗撞击能力差，极易被坚硬物撞击坏。但散热和吸震性能好。

了解了轮胎的制造详情以后，就可以根据自己掌握的方法，购买到适合自己使用的轮胎。

●有内胎轮胎的构造

有内胎轮胎的构造和无内胎轮胎的构造大体一样,只不过无内胎轮胎的“内胎”和外胎融为了一体,而有内胎轮胎的内胎是独立的,因为内胎起到了轮胎的“胎胆”作用,所以,外胎和轮圈的结合并不十分紧密,如图 3-12 所示,一旦内胎被尖硬物刺破,空气就会从胎口和圈口的结合部位突然流失,如图 3-13 所示,车速慢时可能会碾断轮胎胎侧帘布,使整个轮胎报废,车速快时,往往造成如翻车、“打横”等恶性事故。

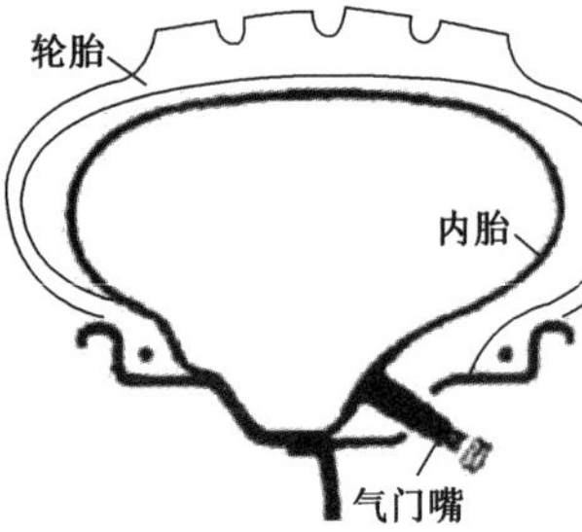

图 3-12　有内胎轮胎

●无内胎轮胎的构造

无内胎轮胎(TUBELESS)也称真空胎,有的地方也叫空心胎。顾名思义,无内胎轮胎也就是轮胎里面没有内胎。有些驾驶员不了解无内胎轮胎的构造,因此,总觉着使用无内胎轮胎心里没底、不踏实,其实,无内胎轮胎并不是没有内胎,它只不过是把内胎,更科学、更进步地用另外一种材料、另外一种方法和外胎融为了一体。

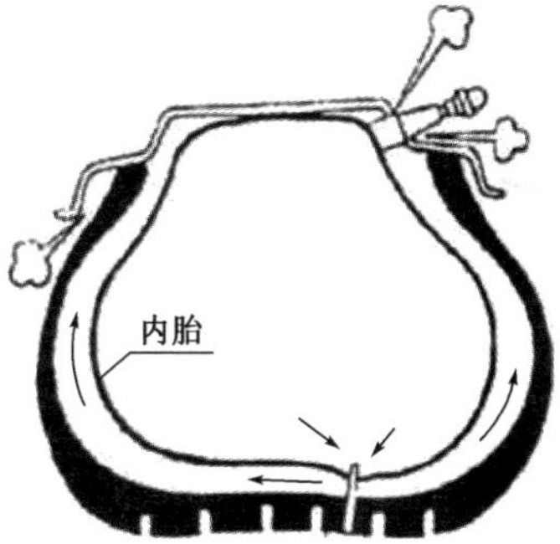

图 3-13　有内胎轮胎被尖物刺破后,内胎中的空气迅速流失

无内胎轮胎的内侧表面附有一层高密封性的密封胶膜(一般多用氧化丁基胶),紧紧地贴在轮胎的内部,如图 3-14 所示。当钉子等物一刺入,空气在从洞口外泄时,胎内膜立刻随着空气的外流而收缩堵住洞口,如图 3-15 所示。胶膜与轮胎一体,其间没有漏气的空隙。另外,进气口只有一个,轮胎口和轮圈的严密咬合,也不会漏气。因此,当轮胎被铁钉等物刺入以后,空气不是突然流失,只能从被刺的地方慢慢地漏出(因为内膜收缩堵住了洞口,所以空气流失很慢),可以给驾驶员充裕的时间进行处理,这样,既不会因为空气的突然流失而发生车祸(车速快时,前轮突然漏气,往往造成车辆侧翻等恶性事故),也不会因突然漏气而碾坏外胎。

我们可以做这样一个试验:把一个气球吹饱了气以后,用针一刺,气球就会爆炸;可是把同样的气球表面上贴上一片橡皮膏,吹饱后同样用针一刺,随着空气的流失,橡皮膏会收缩堵住洞口,空气慢慢流失,气球不会爆炸。

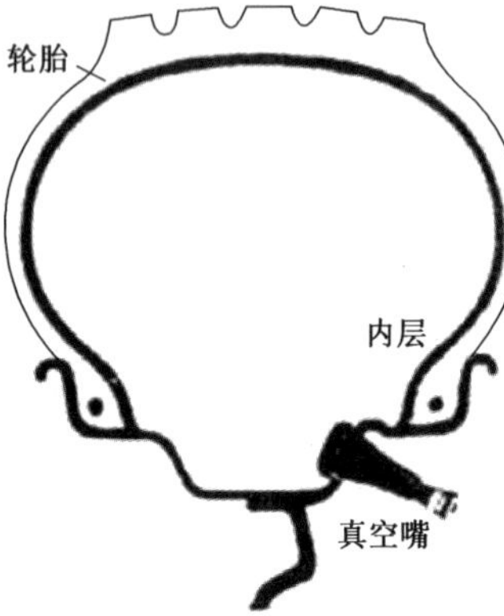

图 3-14　无内胎轮胎的内层与外胎融为一体

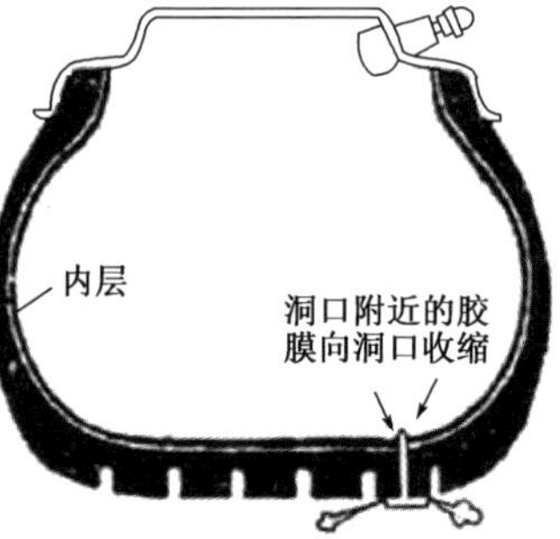

图 3-15　无内胎轮胎被尖物刺破后，内部空气流失很慢

因此，从安全角度讲，真空胎是高速行车最为理想的轮胎。另外，真空轮胎发热低、质量轻、节省燃料（试验证明，无内胎轮胎比有内胎轮胎节省燃料 1% ~2%），同时，修补快捷方便。

无内胎轮胎发明于 1930 年，至今已 60 多年，当初研究发明无内胎轮胎就是从安全角度考虑的。可是，60 多年后的今天，我们有些驾驶员还担心无内胎轮胎不安全，可见，我们对于轮胎知识的宣传是很不够的。

使用无内胎轮胎，对于轮圈的要求比较严格，轮圈必须没有碰撞过，没有锈蚀，必须经过气密性试验，不能有“沙眼”，否则，轮胎口和轮圈的咬合不严，无法充气。

4　子午线轮胎的显著特点

●可以高速行驶

前面我们曾经说过,没有汽车轮胎的革命就没有世界汽车工业的发展。而 1946 年由米其林公司发明的子午线轮胎,给轮胎领域带来的革命,则是划时代的。子午线轮胎的面世,不仅对现代交通起了决定性的影响,同时,也给人类生活带来了鲜艳的色彩。

首先从速度角度讲,汽车行驶速度的快慢主要取决于发动机,但轮胎却肩负着完成这一使命的神圣职责。美国短跑名将刘易斯,其自身的素质就如同汽车的发动机,而他脚上的运动鞋就如同汽车的子午线轮胎,如果刘易斯脚上穿的不是运动鞋而是普通的皮鞋,那么,别人不用服兴奋剂也会比他跑得快。当然,这只是个笑话,但却说明了子午线轮胎在提高汽车行驶速度方面的重要性。

大家可能在公路上见到过从轮胎上甩下来的一块一块的胶皮,这种情况就是因为轮胎的行驶速度超过了它的临界速度,从而在轮胎内部积存了大量的热量而造成的。

那么,速度和甩胶又有什么关系呢?在介绍它们的关系之前,先给大家介绍一下轮胎在高速行驶时产生的一种现象——“驻波”。

轮胎在行驶过程中,轮胎与地面的接触部分因为荷重而使周边产生弯曲，旋转离开地面时，弯曲部分随着胎内压力恢复原状，但如果胎压不足或速度太快，弯曲部分来不及恢复原状，这时轮胎就会产生波状变形，表现在轮胎与接地部位的后半圆附近，俗称“驻波”。如图4-1所示。

“驻波”发生时，轮胎的滚动阻力急剧上升，轮胎在短时间内吸收驻波能量，致使温度急剧上升。此时，如果继续高速行驶，即会发生前面讲的胎面胶被甩掉，进而引起轮胎爆裂。

从以上分析可以看出，“速度—驻波—升温—脱胶—爆裂”是连在一起的一条线。而子午线轮胎因为在帘布层外面箍有强有力的钢带，所以，即使在高速回转时，也不容易发生“驻波”现象。所以子午线轮胎可以高速行驶，而斜交胎都不行。但是，任何事物都有它的极限，特别是轮胎，因为它起着综合作用，所以在设计生产轮胎的时候，就已规定了它的临界速度（当然这种构造的轮胎速度要比斜交胎高很多），如果行驶速度超过了轮胎的临界速度，同样会发生上述情况。所以，每个驾驶员都应了解自己车上使用的轮胎的速度级别，并严格按照规定级别行驶，尽可能避免爆胎翻车事故的发生。

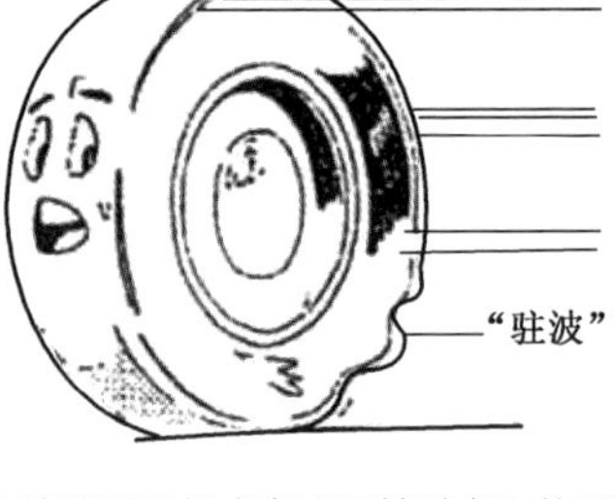

图4-1　轮胎胎压过低或高速回转时产生的“驻波”现象

●不易被刺破

子午线轮胎的胎冠部分因为有钢带层，因此，不容易被铁钉等尖硬物刺破（相对而言），如图4-2所示。实验证明，要从胎面打入直径2mm的钉子，斜交胎只需196N的力就能贯穿，而子午线钢丝胎，则需要980N的力才能贯穿它。也就是说，钢丝子午线轮胎和斜交线层胎比较，两者打入同样的钉子，打入胎面的力量，钢丝子午线轮胎是斜交线层轮胎的5倍。

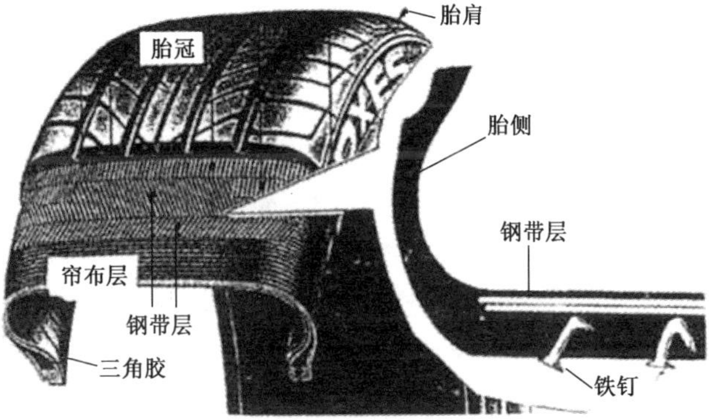

图4-2　子午线轮胎胎冠有钢带层，不易被刺破

●使用寿命长

因为子午线轮胎胎冠部的钢带钢性很强，因此，轮胎的胎冠部分可以使用比较硬的橡胶，从而提高轮胎的耐磨性，延长轮胎的使用寿命，如图4-3所示。

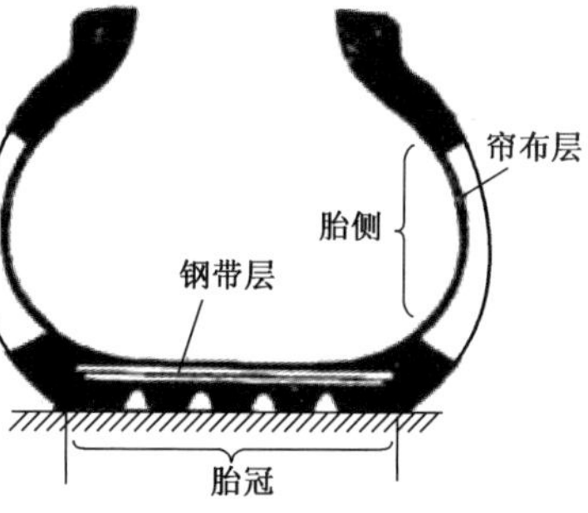

图 4-3　子午线轮胎胎冠用的是较硬的橡胶

●安全性能强

子午线轮胎的胎面一般都比较宽,所以它的抓着力强,制动性能好,操纵稳定性能好。另外,我们前面已介绍温度是造成轮胎出现问题的一大原因,而子午线轮胎因其胎侧薄,所以在行驶时升温低,散热快。在一般情况下,子午线轮胎以 110km/h 的速度连续行驶,其温度为 100℃,而斜交胎,当速度达到 69km/h 时连续行驶,其温度就高达 120℃。所以,子午线轮胎可以安全、高速地在高速路上行驶。此外,子午线轮胎还具有胎壁柔软、吸震好、乘坐舒适、噪声低等显著特点。

试验证明,子午线轮胎与斜交轮胎相比,其耐磨性能可提高 50% ~100%,滚动阻力低 30% 左右,节省燃料 8% ~10%,提高牵引能力 10% ~20% 左右,提高侧向力 50% ~70%,抗刺破性能是斜交线层胎的 5 倍,子午线轮胎与斜交轮胎转向时的变形情况如图 4-4 所示。

但是,子午线轮胎的胎侧因为较薄,所以它不如斜交胎的胎侧耐抗击,不论是马路牙子还是路面碎石都很容易割伤胎侧,使轮胎受到致命的伤害而报废。此外,因为子午线轮胎的生产工艺复杂,生产技术要求严格,必须有先进的设备和昂贵的各种原材料,所以子午线轮胎的生产效率也不如斜交胎高,价格较贵。虽然如此,随着高速路的不断发展,斜交胎已不能适应高速路的需要,子午线轮胎作为高速路的宠儿,已越来越受到广大驾驶员的青睐。目前,西欧完全实现了轮胎的子午化,美国达 89%,日本达到 78%,大多数国家如我国,轮胎的子午化也已达到了 30% 左右。可以预料,轮胎子午化的比例会越来越大,逐步实现全部子午化只是个时间问题。

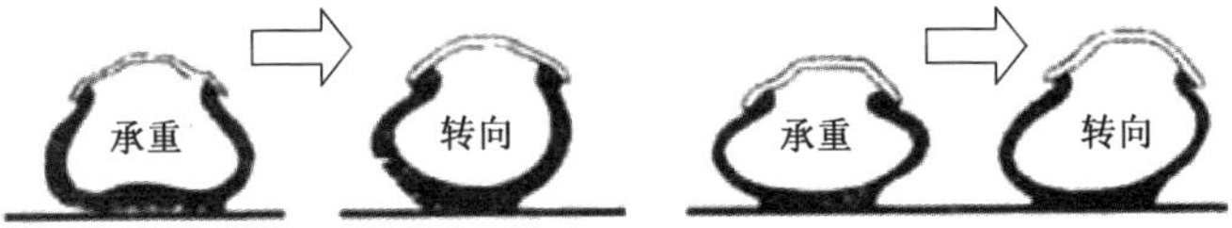

图 4-4 斜交轮胎与子午线轮胎转向时的变形情况

5 轮胎基本常识

许多驾驶员(绝不在少数)不知道轮胎上的各部位的名称和所指的范围,也不了解轮胎的规格的含义,更无从谈起诸如速度级别代号、载重代号、扁平率、“三T”指标、磨损标记等十分重要的内容。

轮胎上的长度计量单位同其他商品的计量单位略有不同,同一轮胎上大都用两种长度计量单位来表示,即:毫米(mm)和英寸(in)。

如:185/70R14,其中,“185”为185mm;而“14”则为14in(1in=25.4mm)。

下面将轮胎的基本知识向大家一一加以介绍。

●轮胎上的标记

有些驾驶员对轮胎上的标记不清楚,不懂得它们是什么意思,或者说,根本就没有想了解它们。其实轮胎上有很多标记作为驾驶员来讲是必须要了解的。我们平时买回家一台电视机,要看一看它的使用说明书,看一看注意事项;买回一件羊毛衫也要看一看它的说明,了解一下该怎样洗它,怎样保管它。可是对于购买的轮胎,却不愿去了解它,这是十分可怕和可悲的事情。高速路上发生的很多爆胎翻车事故,究其原因,就是因为没有按照轮胎上的使用说明去做而造成的。

和别的商品不一样，轮胎的使用说明不是一张纸，而是直接镌刻到轮胎的侧壁上；它也不是人人都认识的方块字，而大多是用字母、数字或英文来表示的。

最先把轮胎规格化的是美国轮胎协会（TRA），那是1930年。在此之前的三十多年里，推向市场的轮胎，每一条都要标出直径、断面高度、断面宽度、层级数、气压和载重等，十分麻烦。而轮胎规格化以后，一切问题便迎刃而解。日本轮胎协会（JATMA）在美国的规格化基础之上又迈进了一步，他们指导轮胎厂家，把轮胎的一切资料集合起来，标志于轮胎之上，这样，又方便、又好看，同时还起到了极好的宣传作用。小小的一个改革，真可谓一举数得。

下面以日本东洋轮胎为例，介绍轮胎上的标记。

图5-1是日本东洋轮胎31×10.50R15上的标记。“31×10.50R15”是指轮胎的规格，其中：“31”是轮胎的直径（in）；“10.50”是轮胎的宽度（in）；“R”是代表子午线轮胎；“15”是轮胎公称内径（in）。

现在我们从“31×10.50R15”处按顺时针方向一一加以介绍。“31×10.50R15”上面的大字母（OPEN COUNTRY）是品牌名称，如前面讲过的“诺曼底登陆”道理一样，在这里不去管它。“15”后面的“LT”指的是轻型载重的意思，和前面介绍的“C”道理一样，所以当您见到“LT”（有时在轮胎规格的前面，如LT235/75R15等）时，就要知道这条轮胎是可以承受一定载重的。“6P.R.”是指该轮胎是6层级。“109M”中的“109”是指载重标记，也就是说这条轮胎可承受1030kg的质量，而不是109kg；“M”是指轮胎的速度代号，也就是说这条轮胎的最高速度不能超过130km/h（关于速度代号在后面也有表加以介绍）。“TUBELESS”是指这条轮胎是无内胎轮胎，在使用时最好不要加内胎使用。“TREAD：4PLIES 2POLYESTER＋2STEEL”是指这条轮胎的胎冠是由二层帘布和二层钢丝层构成的。而这排字母下面的“SIDEWALL：2POLYESTER”是指这条轮胎的胎侧是由二层帘布层构成的。“MADE IN JAPAN”是指日本制造。“DOT”是美国运输处标志。“M＋S”是指这条轮胎的胎纹适用于泥地和雪地。“ALL SEASON”是指这条轮胎属于全天候型，不论是夏天还是冬天都适用。“M606”是指胎纹型号，每个生产厂家都有自己的轮胎花纹型号，厂与厂之间的胎纹型号互不相关。而整个轮胎上的6个小“▲”则是胎纹磨损标记（在后面我们还要详细介绍）。

图5-2是日本东洋轮胎PROXES T1上的标记。图中的“Ꝫ”，其实这个半圆中间相连部分是三个字母“JIS”，是日本工业规格。凡是日本国内生产的轮胎，侧壁上均有“Ꝫ”标记。“STEEL BELTED RADIAL”是轮胎种类，也就是说这条轮胎是半钢丝子午线轮胎。“MAXLOAD 650 KG AT300 KPA（44 PSI）MAX PRESS”是指轮胎的载重及空气压力。空气压力中的“KPA”和“PSI”是二种单位，在后面有关于它们之间的互换的介绍。“TOYO”是轮胎的名牌，也就是东洋轮胎，而“TOYO”下面的小字母，则是轮胎的使用注意事项。每种轮胎的使用注意事项略有不同，但大体是相同的，在后面有关于轮胎使用维护方面的系统介绍，这里不再赘述。

每一个轮胎厂家的轮胎标记略有不同，但基本内容是一样的，图5-3是韩国乐声牌轮胎的轮胎标记。

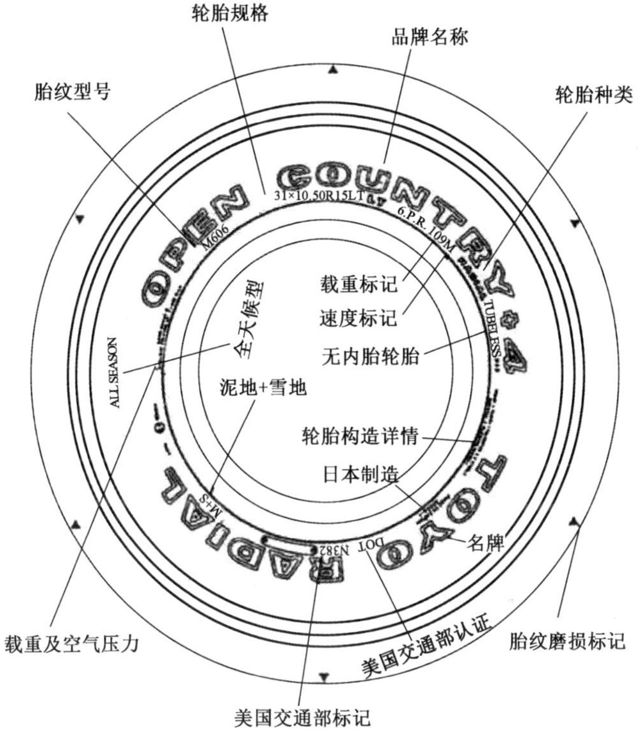

图 5-1　轮胎上的标记(日本东洋轮胎 31 ×10.50R15)

从以上介绍中可以看出,每一条轮胎上都有关于它的各种情况的说明,是十分详细的,也是十分重要的,它并不比电视机的说明书简单。因此,希望通过上面的介绍,能引起广大驾驶员对轮胎侧壁上“说明书”的重视,在购买和使用轮胎时,详细地阅读它的“说明书”。

目前,我国已对国外商品在中国销售提出了必须用中文注明产地、标准、名称等内容的要求，国外轮胎也不例外，现在日本东洋轮胎、日本横滨轮胎在中国已率先使用，使不懂外文的使用者也能一目了然。

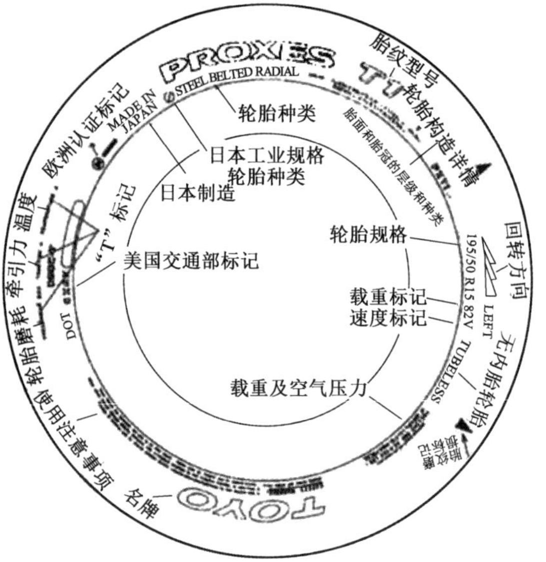

图 5-2　轮胎上的标记(日本东洋轮胎 PROXES T1)

另外，我国关于在轮胎上必须镌刻“CCIB”的政策已经着手实施，1998 年 10 月以后，所有取得“CCIB”标准的轮胎厂家，必须在轮胎上镌刻“CCIB”字样，凡是没有“CCIB”字样的轮胎不准在中国市场销售。

这一标准的实施，对轮胎又提出了新的要求，对于轮胎市场的管理和质量的提高是十分有益的，对于广大驾驶员来讲这也是个福音。

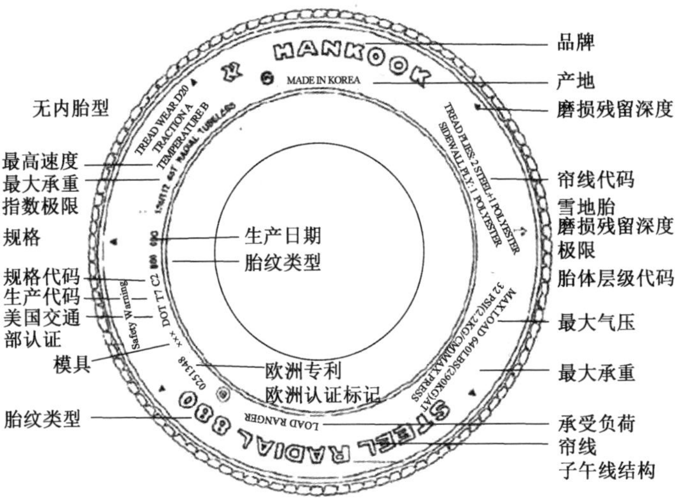

图 5-3 轮胎上的标记(韩国乐声牌轮胎)

●轮胎各部位名称

轮胎上各个部位的名称如图 5-4 所示。

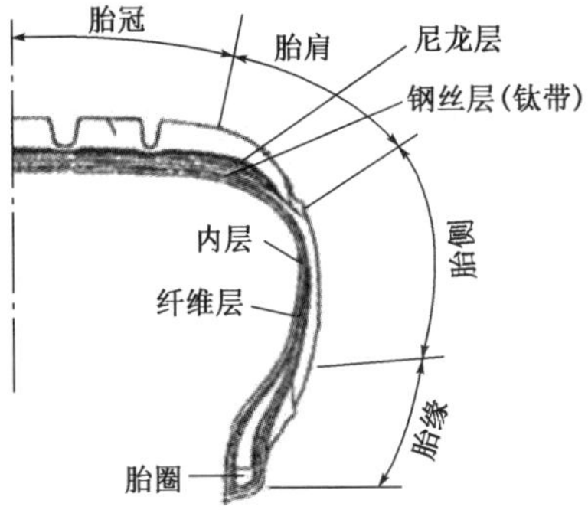

图 5-4 轮胎上各个部位的名称

●轮胎各部位尺寸定义

轮胎上各个部位的尺寸定义如图 5-5 所示。

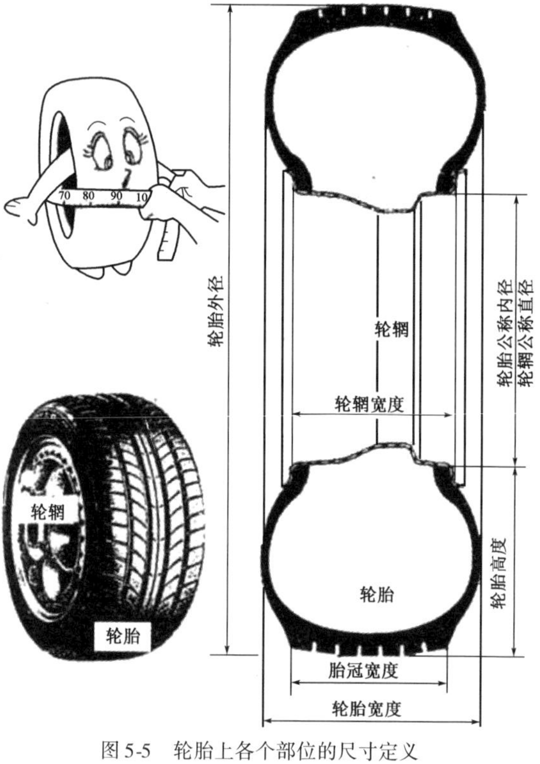

图 5-5　轮胎上各个部位的尺寸定义

●轮胎规格定义

轮胎的规格有多种表示方法，如 205/60 R15 89H、P195/75R14 92S、P195/75SR14、165R13、185—70R14、750—16LT、31 ×

10.50R15LT 等等,所以,使很多驾驶员搞不明白,不知道这些数字都是代表轮胎的哪些部位,为什么表示的方法又各种各样。

实际上大家看到的各种各样的轮胎规格是不同国家或不同组织所使用的不同的表示方法。前面已经介绍了轮胎上的各部位的名称和名称所指的范围,这些名称是不变的,所以,您了解了不同国家的表示方法中所指的轮胎部位以后,也就一通百通,什么都明白了。

①ISO 标记。ISO 标记是国际标准组织标记的缩写,有 ISO9000、ISO9001、ISO9002 等,如前面介绍的东洋轮胎,执行的标准是 ISO9002,横滨轮胎执行的标准是 ISO9001。

按照 10S 标记,轮胎的规格必须用下列方法表示:

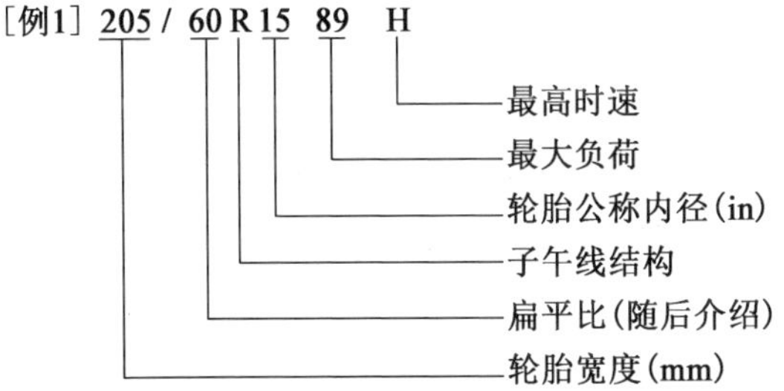

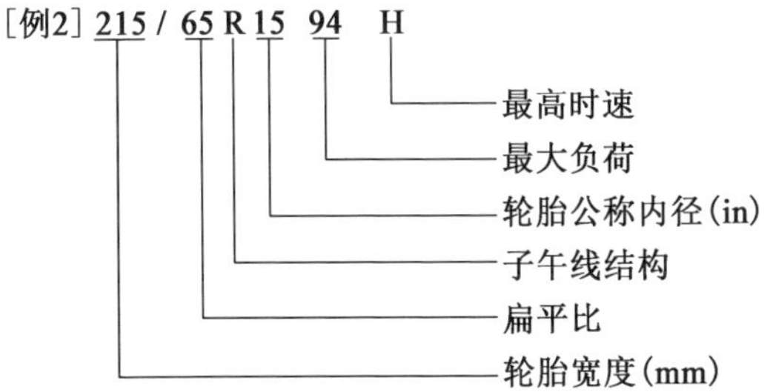

②P 公制。P 公制为美国标准。

可以看到，下面[例1]中轮胎的载质量和速度级别是在一起的，而且是在后面，而[例2]中轮胎的速度级别是和代表子午线轮胎结构的字母 R 在一起，而载质量是另外在别处标出，所以，[例1]和[例2]的表示方法略有不同。虽然这只是表示方法的不同，但有很多驾驶员朋友在买轮胎时，经常因为见到要换的轮胎和自己车上用的轮胎表示方法不一样，而不敢使用。比如，有的车用的轮胎规格是 185/70SR14，

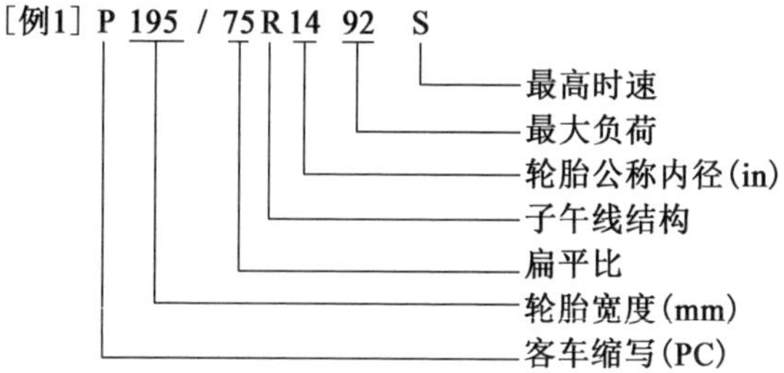

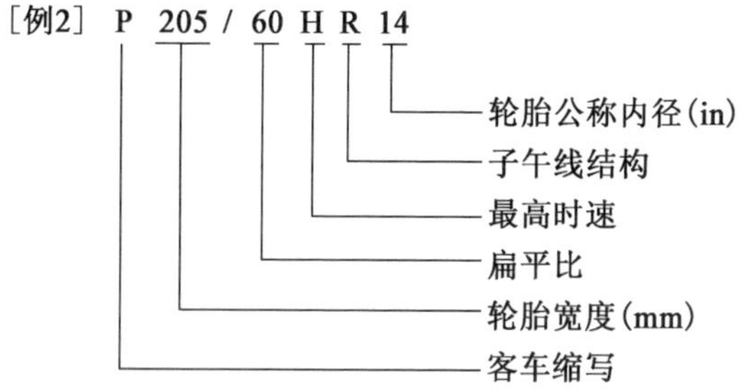

所以驾驶员不敢使用 185/70R14 86S 的轮胎。这种情况笔者在工作当中经常遇到,因此,在这里特别着重地提出来,请有这方面思想顾虑的驾驶员能够消除以前的顾虑,放宽购买面,买到称心如意的轮胎。

③欧洲标记。欧洲标记是指欧洲的英国、法国、德国、意大利、西班牙、葡萄牙、瑞士、丹麦、比利时、荷兰、爱尔兰、捷克、波兰、罗马尼亚等 14 个国家在国内及各国之间进行贸易时的一种标准。这个标准用字母“E”来表示,也就是说在欧洲各个国家间的所有产品(轮胎也不例外。所以在下面介绍质量认证时有欧共体的“ECE”),如果没有“E”标记,其产品是不允许出售的。

轮胎规格在欧洲标记中是这样表示的:

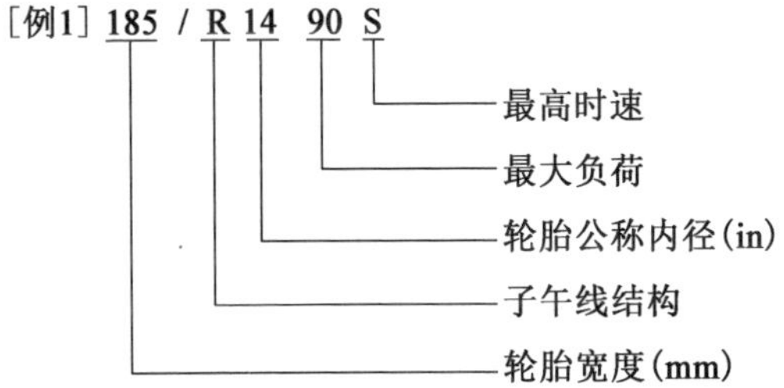

从[例 1]和[例 2]中大家可看到,轮胎规格标记中没有扁平比,实际上这种轮胎规格标记中的扁平比是 82,但在欧洲标记中是省略不写的。我们现在道路上有很多车辆如拉达轿车使用的轮胎是 165/80R13,但扁平比 80 系列的轮胎目前在市场上不如 82 系列的货源充足,价格也较 82 系列略贵,所以,当您了解了欧洲标记以后,您原车上用的如果是 165/80R13,则可以换成 165R13,如原车使用的是 185/

80R14 的轮胎,就可以换装成 185R14 的轮胎,这样会给您带来很大的方便。除去 82 系列以外,一般在轮胎宽度和扁平比之间都用“ - ”来表示,而不是用“/”来表示。

[例2]

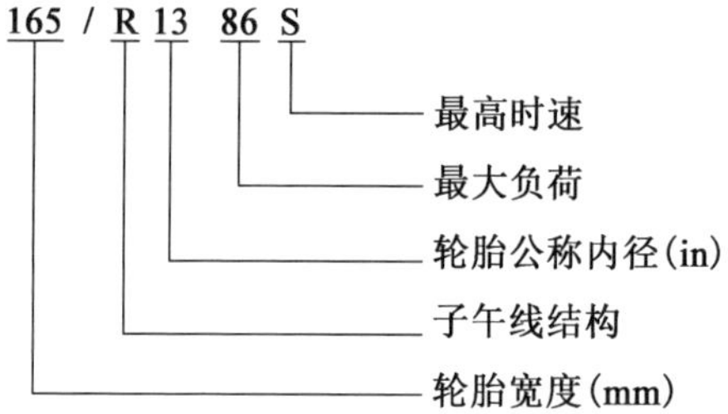

[例3]

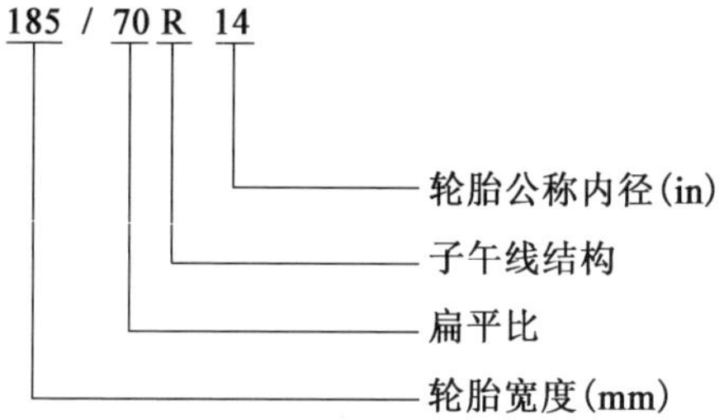

以上三种表示方法,也可以统称为“PCR”,即轿车子午线轮胎之意(在前面介绍轮胎种类时曾介绍过“PC”指轿车轮胎)。

④子午线轻型卡车标记。简称为“LTR”标记。

[例1]

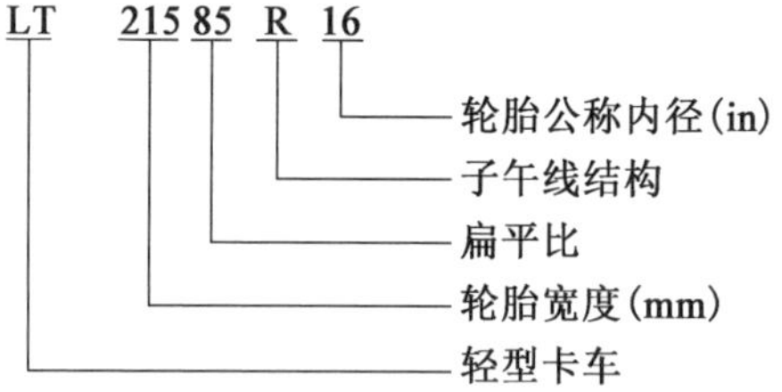

［例2］30 × 9.5 R 15 LT

- LT：轻型卡车
- 15：轮胎公称内径(in)
- R：子午线结构
- 9.5：轮胎宽度(in)
- 30：轻型直径(in)

［例3］31 × 10.5 R 15 107N

- 10.5：轮胎宽度(in)
- 31：轮胎直径(in)

［例4］750 R 16 8PR

- 8PR：层次
- 16：轮胎公称内径
- 750：轮胎宽度(7.5in)

［例5］195 R 14 C 106 / 104 N

- N：速度标记(N～140km/h)
- 104：载重标志(复轮～900kg)
- 106：载重标志(单轮～950kg)
- C：商业用途轮胎(轻型载货)
- 14：轮胎公称内径(14～14in)
- R：子午线轮胎
- 195：轮胎宽度(195mm)

⑤数字标记。数字标记也可称为斜交胎标记。

［例1］4.50 - 12 8

- 8：层次数
- 12：轮胎公称内径(in)
- -：斜交结构
- 4.50：轮胎宽度(in)

［例2］

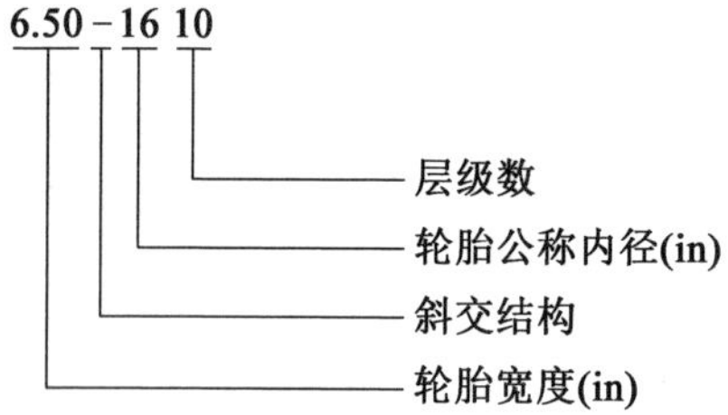

［例3］

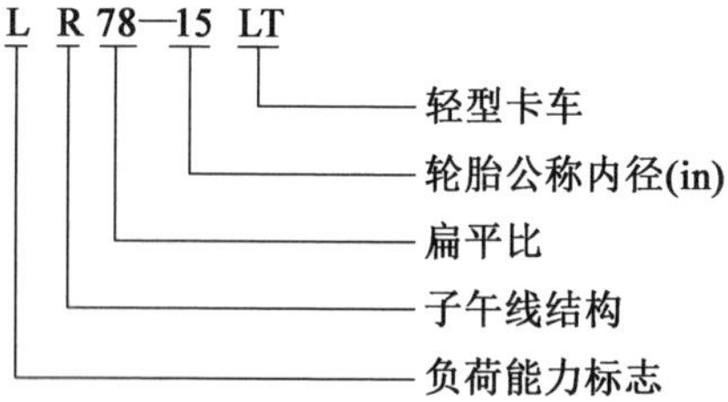

［例4］

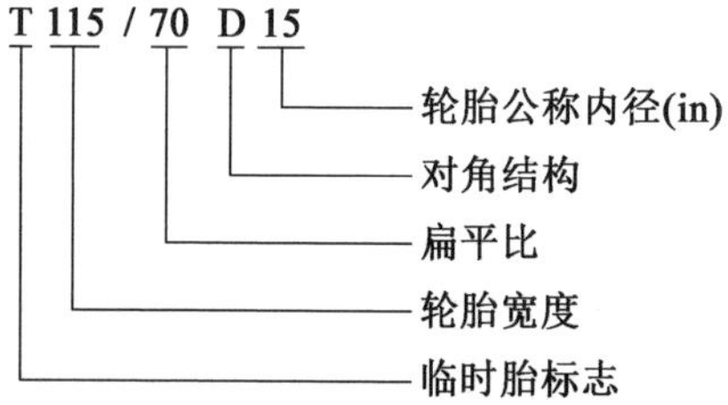

以上系统地介绍了轮胎规格的各种表示法以及它们的含义。掌握了这些常识,会给您在今后购买轮胎时带来极大的方便,您可以通过对轮胎的不同表示方法的宽度进行计算,然后代替或更换自己车上使用的轮胎,达到自己理想的目的。

随着世界贸易的不断发展,ISO 标准会逐步被广泛采用,届时,轮胎规格的世界标准化就会到来。

●轮胎的扁平率

轮胎的高度和轮胎的宽度的比就是轮胎的扁平率。用公式表示为:

$$扁平率=\frac{轮胎高度(断面高)}{轮胎宽度(断面宽)}\times 100\%$$

最初的汽车轮胎胎面很窄,直径很大,因为当时汽车的形状受马车和自行车的影响很大,而马车和自行车的轮胎又是又窄又高的。又窄又高的轮胎,不但操纵安全性很差,而且,因为轮胎的受力面积小,所以,耐久性特差。因此,增加轮胎的宽度,缩小轮胎的内径,成了轮胎的发展方向和轮胎厂家追求的目标。而生产出宽扁的轮胎需要很高的技术,所以,一直到 1955 年左右,人类的这一目标才得以实现。

图 5-6 所示是美国从 1925—1973 年轮胎由窄变宽、由高变低的变迁史。在这 48 年的发展过程中,我们可以看出,轮胎的扁平率发生了多么大的变化。

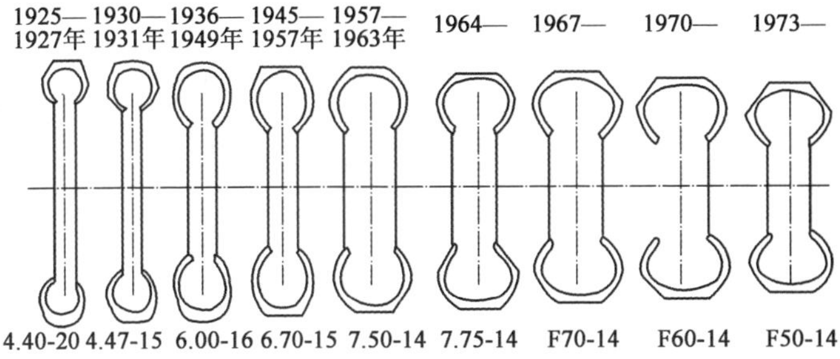

图 5-6　轮胎的尺寸、形状和内压的变迁

那么,轮胎由高变低,由窄变宽,即轮胎矮形化以后,有什么优点呢?

首先,因为轮胎变宽以后,胎面与地面的接触面积增大,这样,操纵的安定性增强,摩擦因数增大,制动性能提高,轮胎的耐久性增加;其次,因为胎侧变矮以后,汽车在转弯时周向滑移率变小,同时,触地面韧性加强,旋转性能上升,所以,转弯性能变佳。也就是说,汽车即使急转弯也较少发生意外。图 5-7 是扁平率为 70% 和 60% 轮胎直行和转弯时的比较。

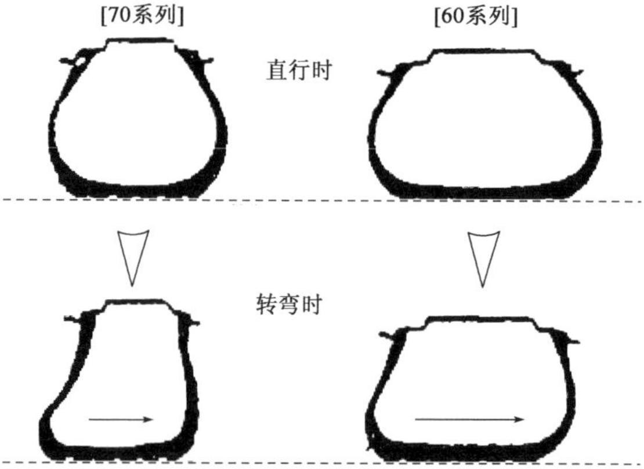

图 5-7　转弯时轮胎的弯曲

此外,轮胎矮形化以后,在轮胎总体高度没有大的变化时,轮胎可以适当加宽,能增强车辆的美观性,给人一种饱满敦实的感觉,使车辆形象一新。如图 5-8 所示。

图 5-9 是部分系列轮胎扁平率的直观比较。

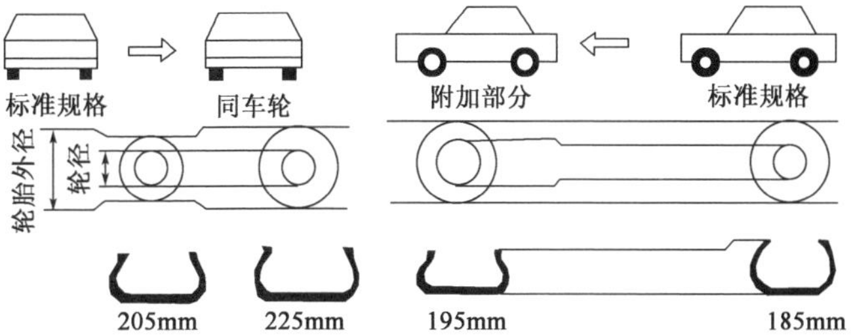

图 5-8　扁平率降低，轮胎可以适当加宽

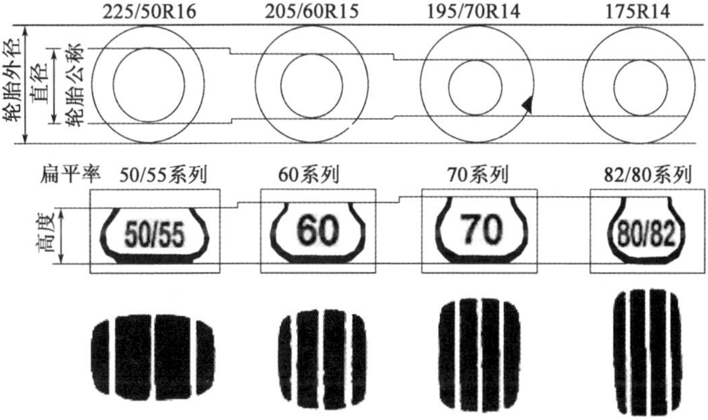

图 5-9　扁平率的直观比较

国外专家估计，扁平率由 70% 降为 60% 的轮胎，车辆转弯性能约提高 15%，摩擦因数增大 10%。在这里需要提醒大家注意的是，在换用低扁平率的轮胎时，一定要做到下面几点：

①轮胎的外径尽可能保持不变，这样，车辆的最佳操控性能不会改变，速度表不会出现误差。比如：四缸切诺基吉普车，原车使用的是 P215/75R15 轮胎，要想使原车行驶得更加平稳，外视更加美观，可将原 P215/75R15 轮胎换成 P235/

70R15 轮胎，这样，轮胎的宽度虽然由 215mm 加宽到了 235mm，但因扁平率由 75 系列降为 70 系列，所以，轮胎的总体高度基本没有改变，这样，效果会更好。此外，如普通型桑塔纳轿车使用的是 185/70R13 轮胎，可以将它换成 195/60R14 轮胎，轮胎宽度由 185mm 加宽到 195mm，扁平率由 70 系列降到 60 系列，轮圈由 13in 加到 14in，这样，车辆行驶起来会更加平稳，制动性能会有很大提高，另外，外观会更加美观耐看。

②改型后的轮胎切不可接触车体，也不可外超挡泥板。接触车体会发生意外，超出挡泥板会破坏车的整体美观。

③载重能力不可降低。

其实了解了轮胎的扁平率是怎么回事以后，自己就可以根据扁平率公式换算出自己车上轮胎的可换性，那也是一件十分有意思的事。

此外，懂得了轮胎扁平率的互换性以后，还可以换掉自己车上原来使用的但不好购买的轮胎，也可以换成较为经济的轮胎。如：185/75R14 轮胎和 195/75R14 轮胎，因为使用这种型号轮胎的车辆在我国比较少，市场上这种型号的轮胎不容易购买，因此，价格也较贵。前者可以换成 195/70R14 或 185R14，而后者可以换成 205/70R14，这样一来，既不影响车辆的使用性能，同时，因所更换的型号都是常用型号，既容易购买，价格也较便宜。但有些车辆放备用胎的位置是按原车使用轮胎的型号设计的，因此，换上较大一点的轮胎后，备胎的位置不够，这一点应提前想到，并试一试最好。

●轮胎上的“三 T”指标

美国交通部规定，轿车轮胎上必须有轮胎磨耗（TREAD WEAR）、温度（TEMPERATURE）、牵引力（TRACTION）等标志，简称为“三 T”指标。

“三 T”指标是由国际权威机构测试和提供的。“磨耗指标”衡量轮胎胎面耐磨性能和使用寿命，它的级别以具体数字表示。“温度”衡量轮胎行驶时升温的高低，实际上与轮胎高速性能相关，它用 A、B、C 区别。A 级为特优，B 级为良好，C 级为一般。“牵引力”衡量轮胎与地面的附着性能，也以 A、B、C 三级区分。A 级为特优，B 级为良好，C 级为一般。

美国政府要求凡出口到美国的轮胎都必须有“三 T”指标。目前我国上海回力轮胎厂生产的轮胎上面也有“三 T”指标。比如，桑塔纳 2000 型轿车使用的 195/60R14 轮胎，其“TREAD WEAR”为 450，“TRACTION”为 A，“TEMPERATURE”为 A。普通型桑塔纳轿车用 185/70R13 轮胎上的“TREAD WEAR”为 180，“TRACTION”为 B，“TEMPERATURE”为 B。

那么，磨耗的数字和公里数是如何换算的呢？图 5-10 是轮胎磨耗的试验方法。

通过试验，以磨耗 100 为基数，磨耗 100 可以行驶 48000km，磨耗 200 为 96000km。所以，前面介绍的上海回力厂生产的 195/60R14 的磨耗为 450，那么它应当可以行驶 $48000 \times 4.5 = 216000$km；185/70R13 的磨耗是 180，那么，它应当可以行驶 $48000 \times 1.8 = 86400$km。

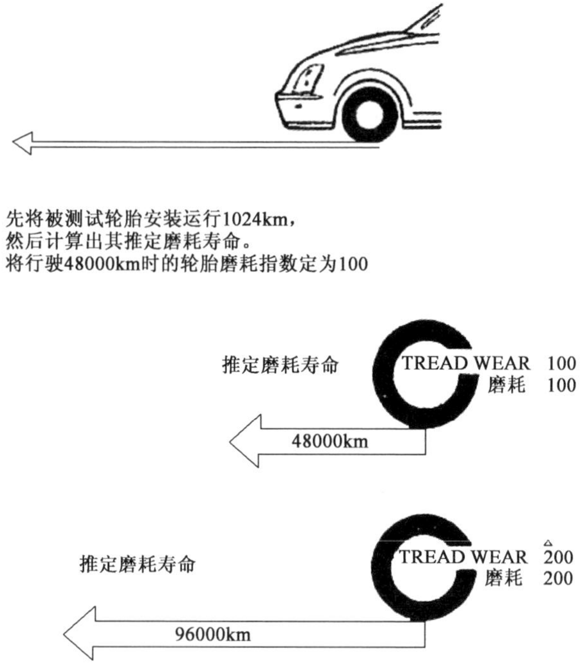

图 5-10 轮胎磨耗的试验方法

当然，试验场和路面不一样，而且，每个地区的路面情况不尽相同，每个驾驶员开车的习惯也不一样，所以，实际使用中不可能要求轮胎必须行驶到推定的公里数，但可从磨耗数字中大概推算出公里数。

至于温度和牵引力，应当尽量选择“A”级为佳，特别是温度，通常把温度称为轮胎的“第一杀手”，因此，应当仔细地对待它。当然，有些轮胎的“三 T”指标不一定都尽人意，但你可以根据自己的实际需要有针对性地选择。

根据美国 UTQG 标志，轮胎磨耗指数在 160～300 之间的轮胎，为夏天标准型；160～200 之间的轮胎为夏天高性能型；而 300～540 之间的轮胎为全天候标准型。如图 5-11 所示。

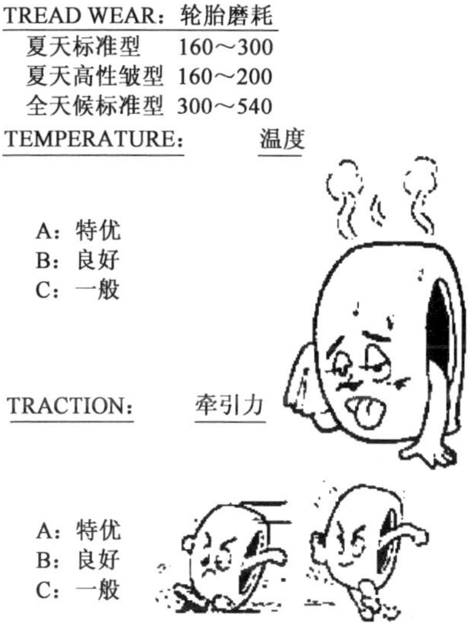

图 5-11 UTQG 标志(美国)

●轮胎上的速度级别代号和载质量指标

每一条轮胎上，在它的规格型号后面都有由数字和字母组成的一组混合数字，如：185/70R13 88H、185R14 90S 等，其中的“88H”和“90S”即是轮胎的载质量和速度级别。“88、90”是载重代号，“H、S”是速度级别代号。

因为每一条轮胎在生产过程中,都是严格按照有关该条轮胎的固定技术指标设计生产的,因此,它的载质量和速度级别都有它的临界限。在设计生产过程中不但要考虑每个部位的胶料配方,同时还要考虑胎冠的花纹及花纹的深浅、胎冠和胎侧的用料及层数,还要考虑升温、散热等复杂因素。所以,轮胎上所标出的载质量和速度级别是该条轮胎的最高载质量和最高速度级别。在使用轮胎时,最好不要超过它的最高限度,否则,会降低轮胎的使用寿命,严重时会发生恶性爆胎翻车事故。

轮胎上的载质量和速度的乘积叫"工作量",即:

$$工作量 = 载质量(W) \times 速度(S)$$

从这一公式中可以看出,排除客观因素影响,一般情况下轮胎的工作量是固定的,如:185/70R 13 88H 轮胎,它的工作量 =560(kg) ×210(km/h) =117600。如果它的速度慢一些,那么,它的负荷可以增大一些,如果它的负荷减小一些,它的速度可以快一些。但经验证明,轮胎的行驶速度在40km/h 以下时,轮胎的负荷可以相应增加,当轮胎的行驶速度超过 100km/h 时,其负荷应相应减少。

总之,轮胎上的速度级别和载质量指标,对于轮胎是十分重要的,忽视它或不按规定指标使用,都会造成恶劣影响,严重时会发生恶性事故,因此,请广大驾驶员一定要了解这方面的知识,并严格按照轮胎上的指标使用,以防事故的发生。

表 5-1 和表 5-2 分别是轮胎速度级别代号表和载质量指标表。

轮胎速度级别代号　　表 5-1

速度代号	最高车速(km/h)	速度代号	最高车速(km/h)	速度代号	最高车速(km/h)
A1	5	D	65	Q	160
A2	10	E	70	R	170
A3	15	F	80	S	180
A4	20	G	90	T	190
A5	25	J	100	U	200
A6	30	K	110	H	210
A7	35	L	120	V	240
A8	40	M	130	W	270
B	50	N	140	ZR	240 以上
C	60	P	150	VR	210 以上

注:VR 和 ZR 级的最高速度根据轮胎花纹、尺寸规定,或由制造商指定。

轮胎载质量指标　　表 5-2

代号 LI	载质量(kg)	代号 LI	载质量(kg)	代号 LI	载质量(kg)	代号 LI	载质量(kg)	代号 LI	载质量(kg)	代号 LI	载质量(kg)	代号 LI	载质量(kg)
0	45	10	60	20	80	30	106	40	140	50	190	60	250
1	46.2	11	61.5	21	82.5	31	109	41	145	51	195	61	257
2	47.5	12	63	22	85	32	112	42	150	52	200	62	265
3	48.7	13	65	23	87.5	33	115	43	155	53	206	63	272
4	50	14	67	24	90	34	118	44	160	54	212	64	280
5	51.5	15	69	25	92.5	35	121	45	165	55	218	65	290
6	53	16	71	26	95	36	125	46	170	56	224	66	300
7	54.5	17	73	27	97.5	37	128	47	175	57	230	67	307
8	56	18	75	28	100	38	132	48	180	58	236	68	315
9	58	19	77.5	29	103	39	136	49	185	59	243	69	325

续上表

代号 LI	载质量 (kg)	代号 LI	载质量 (kg)	代号 LI	载质量 (kg)	代号 LI	载质量 (kg)	代号 LI	载质量 (kg)	代号 LI	载质量 (kg)	代号 LI	载质量 (kg)
70	335	95	690	120	1,400	145	2,900	170	6,000	195	12,150	220	25,000
71	345	96	710	121	1,450	146	3,000	171	6,150	196	12,500	221	25,750
72	355	97	730	122	1,500	147	3,075	172	6,300	197	12,850	222	26,500
73	365	98	750	123	1,550	148	3,150	173	6,500	198	13,200	223	27. 250
74	375	99	775	124	1,600	149	3,250	174	6,700	199	13,600	224	28,000
75	387	100	800	125	1,650	150	3,350	175	6,900	200	14,000	225	29,000
76	400	101	825	126	1,700	151	3,450	176	7,100	201	14,500	226	30,000
77	412	102	850	127	1,750	152	3,550	177	7,300	202	15,000	227	30,750
78	425	103	875	128	1,800	153	3,650	178	7,500	203	15,500	228	31,500
79	437	104	900	129	1,850	154	3,750	179	7,750	20M	16,000	229	32,500
80	450	105	925	130	1,900	155	3,875	180	8,000	205	16,500	230	33,500
81	462	106	950	131	1,950	156	4,000	181	8,250	206	17,000	231	34,500
82	475	107	975	132	2,000	157	4,125	182	8,500	207	17,500	232	35,500
83	487	108	1,000	133	2,060	158	4,250	183	8750	208	18,000	233	36,500
84	500	109	1,030	134	2,120	159	4,375	184	9,000	209	18,500	234	37,500
85	515	110	1,060	135	2,180	160	4,500	185	9,250	210	19,000	235	38,750
86	530	111	1,090	136	2,240	161	4,625	186	9,500	211	19,500	236	40,000
87	545	112	1,120	137	2,300	162	4,750	187	9,750	212	20,000	237	41,250
88	560	113	1,150	138	2,360	163	4,850	188	10,000	213	20,600	238	42,500
89	580	114	1,180	139	2,430	164	5,000	189	10,300	214	21,200	239	43,750
90	600	115	1,215	140	2,500	165	5,150	190	10,600	215	21,800	240	45,000
91	615	116	1,250	141	2,575	166	5,300	191	10,900	216	22,400	241	46,250
92	630	117	1,285	142	2,650	167	5,450	192	11,200	217	23,000	242	47,500
93	650	118	1,320	143	2,725	168	5,600	193	11,500	218	23,600	243	48,750
94	670	119	1,360	144	2,800	169	5,800	194	11,800	219	24,300	244	50,000

续上表

代号 LI	载质量（kg）	代号 LI	载质量（kg）	代号 LI	载质量（kg）	代号 LI	载质量（kg）	代号 LI	载质量（kg）	代号 LI	载质量（kg）	代号 LI	载质量（kg）
245	51,500	250	60,000	255	69,000	260	80,000	265	92,500	270	106,000	275	121,000
246	53,000	251	61,500	256	71,000	261	82,500	266	95,000	271	109,000	276	125,000
247	54,500	252	63,000	257	73,000	262	85,000	267	97,500	272	112,000	277	128,500
248	56,000	253	65,000	258	75,000	263	87,500	268	100,000	273	115,000	278	132,000
249	58,000	254	67,000	259	77,500	264	90,000	269	103,000	274	118.000	279	136,000

●轮胎胎纹磨损标志

轮胎上的花纹并不是为了好看才挖的，它的发明和发展也是轮胎向前发展的一部分。

1845 年取得第一条充气轮胎专利的汤姆生，曾想出了在轮胎的表面上打入轮针，但因前面讲过的原因而没有实现。

1891 年，自行车的轮胎首度出现了胎面沟纹，但因自行车的速度较慢，花纹的真正意义没有得到完整的体现和发展，倒被一些商家用在了广告上。1895 年，巴黎出现了一种广告三轮车，如图 5-12 所示，在轮胎上一圈类似橡胶印的东西，在马路上跑的时候，广告文就会被印下来。

自从美国首度出现了计程车，汽车在社会上的地位开始被认同。汽车性能增加的同时，驱动力、制动力、操纵力充分传达到路面，光滑的轮胎，特别是在下雨天，便很容易发生事故，因此，沿着轮胎的圆周面，便出现了横的或直的沟纹，1908 年，出现了正式图样，当时被称为“踩出图样”。1922 年，美国人塞普取得了把非常细小的纹路镶进轮胎表面的专利。1932年,有位叫宗马的人,首次在轮胎上刻了一些很细小的花纹,并发现这些花纹有吸取路面上水分的功能,所以获得专利。他的这一发明,一直到现在仍被厂商采用,因此,宗马成了研究胎纹的始祖。

图5-12　用轮胎胎纹做广告的三轮车

图5-13所示为轮胎花纹的进化过程。

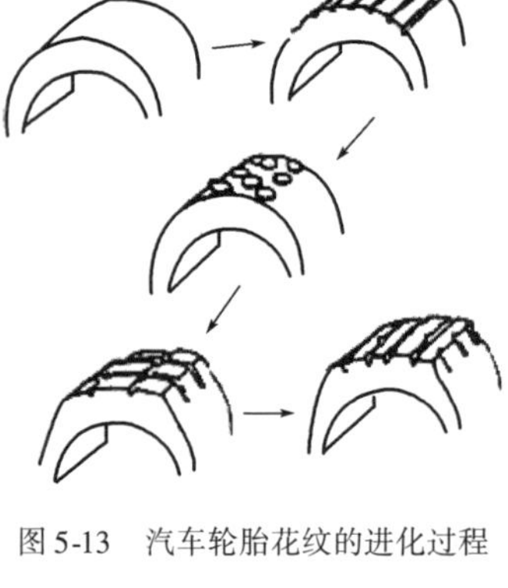

图5-13　汽车轮胎花纹的进化过程

那么,胎纹的最大任务是什么呢?胎纹的最大任务就是压挤路面上的水,使橡胶与地面接触而产生摩擦力,抓住地面。实验证明,在潮湿的路面上,无花纹轮胎的制动距离是有花纹轮胎的 2 倍左右。不仅如此,在倾盆大雨的时候,因轮胎接触地面的水不能排出,而产生制动不灵、转向盘难以控制,那时,车子就像水上划艇一样。这种现象,常在花纹不深或无花纹轮胎时发生。那么,正常花纹轮胎在深水路面上行驶,到底能发挥多大作用呢?下面我们做一计算。

假设目前下着大雨,降雨量达到 5mm,汽车以 80km/h 的速度行驶,假设轮胎与地面接触宽度是 120mm。虽然轮胎花纹不同,轮胎与路面之间的排水量也不同,但可约略计算为:

排出的水量 = 轮胎与地面接触宽度 × 行走距离 × 水深

速度为 80km/h 的汽车,1s 内约行进 22m,这样,1s 内一只轮胎排出的水量为:

$$1.2 \times 22 \times 0.5 = 13.2(\mathrm{L})$$

那么,四只轮胎共排出 $13.2 \times 4 = 52.8(\mathrm{L})$。也就是说,当一辆车以 80km/h 的速度在水深 5mm 的路上行驶时,一秒钟内,四只轮胎大概要排出 52.8L 的水,也就是北京 130 汽车的油箱一油箱的水。多么不简单!因此,有花纹的轮胎可以确保汽车在水路上也能安全地行驶,而花纹太浅,则完不成它的使命。

有很多驾驶员可能想象不到花纹在轮胎上所起到的重要作用,不过我可以给大家举两个例子佐证一下花纹的重要性。一是意大利的皮列里公司在开发研究 P6000 型轿车轮胎时,研究经费(主要就是关于花纹)就是 5000 万美金。二是1996年,美国和德国分别开发出200km的雨天防滑轮胎,因为两种轮胎的排水花纹基本一样,结果闹上了国际法庭,打起了国际官司,最后德国败诉而赔偿美国1亿美元。

轮胎的花纹太浅时,除了排水不好以外,胎冠的热量也不能及时排出,使胎温上升,紧急制动时,容易将胎冠胶搓掉而导致爆胎;另外,花纹太浅,特别容易被尖硬物刺破胎面,引起事故。

那么,花纹究竟磨到什么程度应该换胎呢?一般情况下,每一条轮胎上每隔60°就在它的胎侧上有一个小"△"符号,共有6个小"△"(米其林轮胎是它的小雪人标),在小"△"符号所对着的胎冠部分,花纹下刻有花纹的磨损残留深度极限,如图5-14所示。当花纹磨损到这一残留深度极限时,那么这条轮胎就应该被换掉而不应继续使用。实验证明,轮胎的花纹残留深度一般不能低于1.6mm,否则,不论是轮胎的驱动力还是制动性能都要大大降低,而遇到水路时,即会出现前面讲过的"水上滑行"现象。

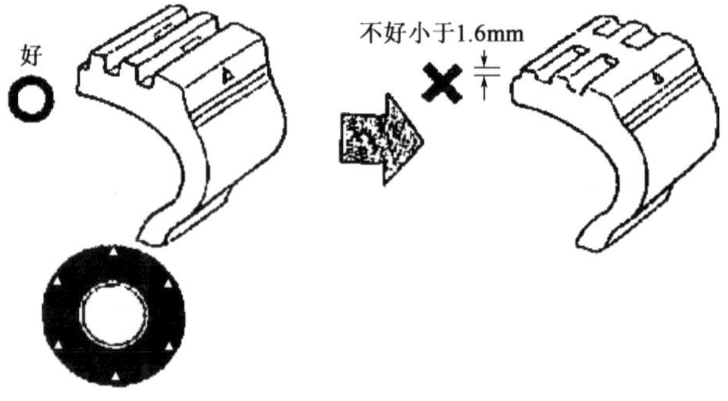

图5-14　胎纹磨损标记

在积水路面上,随着车速的增加,轮胎开始乘水,轮胎的接地面积明显变小,如图5-15所示。另外,雨量的多少对摩擦因数亦有显著的影响。在沥青路面上,开始下雨后轮胎的摩擦因数急剧下降;随着泥土或灰尘被雨水冲洗掉,轮胎的摩擦因数有所增大;雨停后,随着路面的不断风干,轮胎的摩擦因数逐渐恢复到正常值。如图5-16所示。

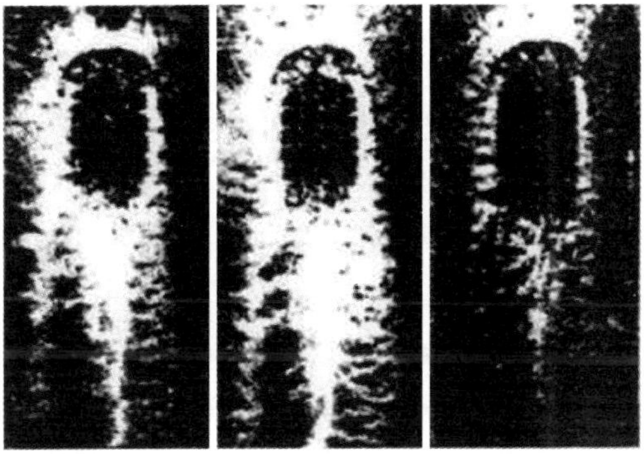

80km/h　　60km/h　　40km/h

图5-15　车速与轮胎的接地面积

此外,如果您所使用的轮胎是属于雪地胎,那么,在轮胎上还有雪地胎的磨损残留深度极限,一般的雪地胎,当花纹磨损超过一半时为它的最大磨损极限,也就是说,当雪地胎的花纹磨损超过一半时,这条轮胎的花纹就失去了雪地胎的作用,就不能再当雪地胎使用。

很多驾驶员对于轮胎的花纹沟深不予重视,有的花纹不要说是1.6mm,都磨到了帘布层还在使用。有些人花上几百上千元吃饭从不计较,而当需要更换轮胎时却吞吞吐吐,要知道"花钱买教训"这句话在这里并不适用,因为大凡车上的教训,都是血的教训,是买不起的。

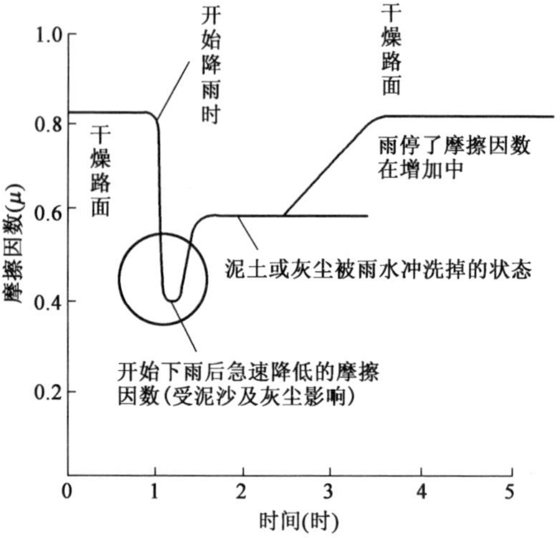

图 5-16　雨量的多少对轮胎摩擦因数的影响

现在出租汽车用胎最苦,“光板”这个词,这去用的很少,但现在往出租汽车轮胎上用的时候却很多。特别是那种“面的”车,“光板”胎十分普遍。使用这种轮胎,不要说雨、雪路面,就是正常路面也很难在预计的距离内立即刹住车,所以,各种事故经常出现,成了交通安全的一大隐患。

总之,不要小看了轮胎上的花纹,它是轮胎很重要的一环,正视它并按要求对待它,就能避免很多不该发生的事故。

●世界权威的质量认证

轮胎作为一种商品,和其他任何一种商品一样,在世界各地进行销售。美国轮胎厂也到日本设厂,日本轮胎厂同样也到美国设厂,各个国家的都一样,你的产品要销到他国,而他国的产品,也同样要销到你国。为了把住轮胎质量关,使轮胎的质量能有一个标准，世界上便成立了各种组织，这些组织是轮胎界有权威的机构，他们根据自己组织的要求，对出口到自己国家的轮胎进行检测，凡符合自己组织的要求的，便以自己组织的名义发给证书，取得认证的轮胎便可以在该组织成员国销售，否则，便不能在这些国家销售。这些组织是最权威的组织，要想得到他们的认证是非常困难的，也正因如此，反过来讲，凡是被这些组织认证的轮胎，其质量都是非常可靠的。作为一名驾驶员，了解这些世界权威部门的质量认证是十分必要的。凡是轮胎上有这些组织中其中一个的认证，您都尽可放心使用。

世界权威部门的质量认证主要有：

DOT——美国交通部质量认证。

E——欧洲共同市场轮胎安全标志。

JIS——日本质量认证。

ISO9000、ISO9001、ISO9002——国际质量认证。

近年来，国外轮胎大量涌进中国市场。为了保护我国的消费者利益，防止质量不过关的产品进入中国市场，1996 年我国制定了外国轮胎进入中国必须符合中国的质量标准，这一标准，简称为"CCIB"，从 1997 年底开始实行。也就是说，以后在中国市场销售的进口轮胎上，必须在轮胎侧壁显要位置镌刻"CCIB"字样，否则，即为不合格产品，禁止在中国销售。

您只要了解了上述质量认证，在购买轮胎时，看一看自己选购的轮胎上有没有这些认证，就可买到自己满意的轮胎。

6 国内外轮胎品牌介绍

汽车轮胎的基本知识已给大家介绍完了,相信大家对轮胎已有了一个新的认识,不会再有连自己开的车用的什么型号的轮胎都不知道的情况了吧。那么,接下来,你的车用的是什么牌子的轮胎你知道吗?是国产的(有的国产轮胎上没有一个中文)?还是进口的?是本土的?还是分厂或合资的?了解了这些轮胎知识,在购买轮胎时,就不会上当受骗。下面我就给大家介绍一下国内国外轮胎的商标及它们的名字和产地情况。

●国内部分轮胎品牌介绍

我国轮胎业的发展起步比较晚,虽然生产厂家已发展到了200多家,轮胎生产量已排名世界第三位,但因我国汽车的总体档次比较低,路况比较差,因此,对于轮胎的发展没有起到促进作用,因此很多轮胎厂家的生产技术还停留在六七十年代的水平。近几年,随着汽车层次的改变和我国高速路的发展,促进了我国轮胎业的发展,目前已有几个厂家引进了国外的先进设备,生产出了高质量的子午线轮胎。有些厂家的产品不但获得了国内行业管理部门的认证,而且还获得了如美国交通部“DOT”标准认证、欧洲经济委员会“ECE”等认证,跻身于轮胎上品之列。

正确了解和认识国产轮胎厂家和品牌,有助于汽车驾驶员正确选购国产轮胎。这样,既可少花钱,又可以买到上好的轮胎。下面给大家着重介绍几家国产轮胎厂家和它们的商标及优质产品。

回力和双钱轮胎

回力和双钱轮胎是上海轮胎橡胶(集团)股份有限公司生产的优质产品。上海轮胎橡胶(集团)股份有限公司是一家大型轮胎生产企业,目前该公司拥有职工 12234 人,轮胎年总产量为 630 万套,其中子午线轮胎为 329 万套。1996 年销售额在国内 59 家定点轮胎企业中保持第一位,在世界前 50 名轮胎企业中排名第 14 位,主要经济指标在国内轮胎业雄居首位。

上海轮胎橡胶(集团)股份有限公司在美国设有销售公司和技术开发研究机构;在泰国设立了橡胶加工厂,还以资产和"回力""双钱"商标为联系纽带在全国各地设立了 27 家销售联营公司。

该厂生产的载重轮胎品种规格达 130 种之多,产品质量已通过美国"DOT"和欧洲"ECE"认证。40% 的产品销往美国和澳大利亚。乘用轮胎品种规格也已发展到 20 多种,并成为桑塔纳轿车等国产车的主要配套单位。

笔者 1996 年曾在密云某铁矿厂做过试验。拉铁粉的解放车限载 5t,但大部分都要装载 8 ~ 10t,这对轮胎是个巨大考验。最初大部分车辆使用的是沈阳某个轮胎厂生产的 900 - 20 - 16 轮胎,结果有些轮胎抗不住 8t 以上的压力,有的胎侧出了问题,大多数则是带口脱胶,钢丝崩开。但同样情况下,回力和双钱轮胎类似情况却很少。因此,目前这个铁矿的大部分车辆都装用回力和双钱轮胎。此外,回力牌 185 - 70 - 13 和 195/60R14 等型号轮胎,不论是速度级别还是载质量以及“三 T”指标,都达到了国外同类产品的先进水平。

成山牌轮胎

成山牌轮胎是山东成山橡胶(集团)股份有限公司生产的优质产品。成山橡胶(集团)股份有限公司现拥有职工 6000 多人,年生产轮胎 500 万套,其中子午线轮胎 200 万套。成山橡胶(集团)自 1988 年起连续 8 年被评为全国 500 家最大工业企业,1994 年按利税排序为 255 名;1992 年以来,连续 4 年荣获中国化工行业百强和橡胶行业利税十强企业殊荣;1994 年跨入世界轮胎 50 强行列,位居第 32 位。成山牌轮胎已形成八大系列 240 多种规格。成山牌轮胎曾荣获“国产精品”“中国名牌商品”及“消费者信得过产品”等荣誉。1996 年 10 月和 12 月顺利通过了中国轮胎产品认证委员会产品体系认证和质量认证。目前,成山牌轮胎畅销全国各地和海外近 50 个国家和地区。

成山牌子午线轮胎不但品种全,而且质量上乘,价格适中,是广大驾驶员理想的选择。

三角牌轮胎

三角牌轮胎是山东威海橡胶工业集团公司山东轮胎厂生产的优质产品。

山东轮胎厂现有职工 5200 人,年生产轮胎 420 万套。“八五”期间销售收入和利税分别以 40% 的速度递增,企业规模迅速扩大,行业地位不断上升。“八五”期间企业年年被评为全国 500 家最大工业企业和500家最佳经济效益企业；橡胶行业经济效益十强企业。1994年跨入全国轮胎行业前四强，世界轮胎行业50强中列第35位。先后荣获“化工部出口创汇先进单位”“全国经济效益百强企业”等近百个省级以上荣誉称号，并作为同行业唯一厂家荣获国家技术监督局同意在其产品上印制“国家轮胎检测中心监制”字样。江泽民总书记1992年7月曾视察该厂并题字鼓励。

三角牌轮胎品种规格齐全，目前除了多种A级载货汽车轮胎、轿车轮胎、工程机械轮胎等七大系列220多个品种斜交轮胎外，还生产半钢丝、全钢丝、有内胎和无内胎等33种规格、40多个品种的轿车、轻型卡车、载重子午线轮胎。年产子午线轮胎120万套。其中载重轮胎达到了美国DOT标准。目前，该品牌的产品在国内市场上销售到包括新疆、青海、内蒙古等省份在内的全部省、自治区、直辖市和台湾地区，拥有包括一汽、二汽、天汽、南汽、沈汽、重汽、柳州工程机械等各种配套厂60多家。在国际市场上产品出口到美国、加拿大、菲律宾、巴基斯坦、埃及等五大洲60多个国家和地区，年出口创汇额达到3000多万美元。

三角牌载重轮胎，特别是450－12－8、500－12－8、145R12等微型车用胎，质量十分优秀，深受微型车、出租汽车驾驶员的青睐。

据笔者向出租汽车驾驶员调查，三角牌微型车用轮胎的寿命大部分达10万km以上，而且，质量有问题的轮胎几乎没有。

此外，更值得一提的是，该厂厂长丁玉华同志不但有很强的管理和领导能力，使一个初建只有301人，全部资产只有300万元,生产能力不足4.7万套轮胎的车间,在二十年间,发展成为一个拥有职工5200人,占地面积41万m^2,总资产13.4亿元的集团公司。而且,他还具有较高的理论修养,在山东商报社主办的“维克杯”厂长经理经济论文大赛中,他的《企业用人之道初探》一文荣获特别优秀奖。

随着儒商时代的到来,三角牌轮胎一定会在“四高”(该厂的宗旨是:高速度发展,高效益追求,高品质奉献,高层次进取)创业精神的指引下,迎来更加美好的明天。

此外,黑龙江的“桦林牌”“红旗牌”、辽宁的“黄海牌”、湖北的“东风牌”、焦作的“风神牌”、银川的“长城牌”、合肥的“开元牌”、广东的“万力牌”等优质品牌,也是国产轮胎中的上品。在选购国产轮胎时,请认准这些品牌,并记住每个品牌中更优质的拳头产品。

●国外部分轮胎品牌介绍

随着我国对外开放不断扩大,轮胎,这个汽车上用的最快的消耗品,也同电器等其他众多商品一样大量涌入我国市场。目前,国内市场上的进口轮胎可以说是:“山雨已来,风已满楼。”

众多的品牌,纷杂的经销商,不同的进货渠道,各种各样的促销手段和大量的广告宣传,使本来就很混乱的轮胎市场更加混乱,令消费者眼花缭乱,分不清质量优劣,弄不懂档次高低。特别是有些品牌有很多产地,但有些经销商在宣传时却有意隐瞒,使消费者受骗上当。

为了使广大驾驶员增加对进口轮胎的了解,提高鉴别能力,能够合理地选购适合自己车辆的优质进口轮胎,下面对进口轮胎的品牌、商标及产地情况进行详细的介绍。

东洋轮胎

东洋轮胎是日本东洋工业株式会社生产的产品。东洋工业株式会社成立于1945年，总部设在东京。轮胎生产厂主要位于日本的热海、仙台、立野和桑名。

东洋轮胎在日本国内被丰田、三菱、日产等各大汽车制造商指定为跟车出厂的配套轮胎，在国外，过去主要致力于美国、德国等发达国家的市场。1993年开始进入中国市场，授权香港峰柏三辉有限公司为中国市场东洋轮胎的总代理。

香港峰柏三辉有限公司在开拓中国市场过程中，采取每年在全国部分地区举办展览会和技术研讨会的形式，树立形象，拓展业务。他们在全国各地举办的技术研讨会，直接面向消费者，向消费者讲授各种轮胎知识和使用、维护等知识，使很多驾驶员从中受益。其做法，在高速路屡屡发生爆胎翻车事故的影响下，曾引起《人民日报》(海外版)、《北京日报》《工人日报》《光明日报》以及中央电视台等宣传机构的重视，并给予报道。在他们向驾驶员传授轮胎知识的同时，自己的品牌也得到了广大驾驶员的认同，大大提高了东洋轮胎在中国市场的知名度，销售业绩取得了可喜成就。

1995年，在轮胎市场多家混战，广大消费者不知所从的情况下，东洋轮胎在进口轮胎中，被中国保护消费者基金会推荐为“消费者信得过产品”。这是进口轮胎中唯一被中国保护消费者基金会推荐的品牌。

东洋轮胎在中国的销售，严格按照中国有关部门的规定，在每一条轮胎上都用中文注明如产地、执行标准、生产厂等内容,使用户一目了然。

东洋轮胎为了满足中国市场的需求,和台湾正新橡胶股份有限公司合资在江苏省昆山市建立正新橡胶(中国)有限公司,生产轿车和轻载子午线轮胎,其生产规模为年产300万条子午线轮胎。其产品在自己的试胎场内经过严格测试,符合国际标准后出口销售。出口销售几个月以后,其产品部分销往国内。

在这里需要提醒驾驶员朋友注意的是,在1998年年中以后,江苏昆山生产的东洋轮胎会在中国市场销售,届时在购买东洋轮胎时要看清产地,分清是日本生产的,还是江苏昆山生产的。

横滨轮胎

横滨轮胎是由以规模宏大及科技先进驰名的日本横滨橡胶株式会社制造的。日本横滨橡胶株式会社成立于1917年,是日本最大的轮胎生产厂家之一。

日本横滨轮胎自1981年至今一直被澳门格兰披治大赛赛会指定为赛事轮胎;同时也广被各国多个大型赛事的冠军车队选用,驰骋赛道,力压群雄。此外,横滨轮胎也为世界各大车厂的原车配套使用。日产、本田、三菱、丰田、万事得、五十铃、日野以及保时捷等,均使用横滨轮胎作为标准轮胎。在我国拥有数量较多的皇冠3.0轿车用的195/65R15轮胎和凌志400轿车用的225/60R16轮胎,均为横滨原厂跟车配套产品,由此可见,横滨轮胎品质非凡。

横滨轮胎目前均为日本纯正部品,而且每条轮胎上都有按照中国政府要求的有关说明,并率先获得了我国商检部门的“CCIB”认证。

另外，据悉，横滨轮胎在近几年内没有在中国设厂的打算。也就是说，在近几年内，在我国市场上销售的横滨轮胎均为日本生产的产品，暂不会有分厂的产品问世。

石桥轮胎

石桥轮胎是普利司通株式会社生产的产品。普利司通株式会社创建于1931年，由石桥正二郎先生创建。

石桥轮胎现为世界最大的轮胎生产厂家之一，截至1995年底，它的工厂遍布全球，其中，日本国内有工厂10个，国外有工厂37个，其中包括泰国、印度尼西亚、美国、澳大利亚、法国等。

石桥轮胎作为进口轮胎，是最早进入我国市场的产品，因此，在国内影响较大，知名度较高。也正因如此，在前些年，一些不法商人利用国人对进口轮胎品牌不清楚，以假充真，冒名代替，使市场大乱。现在请您认准石桥轮胎的商标，不要再上当受骗。另外，因石桥轮胎工厂较多，因此，在购买轮胎时，除认准石桥轮胎的品牌以外，还应分清它的产地，如果您做到了这些，您就能购买到您想购买的产品。

米其林轮胎

米其林轮胎厂是世界著名的轮胎生产厂家，该厂为人类作出的最大贡献就是1946年发明了子午线轮胎。

米其林轮胎本部在法国，但它在全世界共有70多间生产工厂。其中，欧洲共有42间，包括：法国23间、德国6间、意大利4间、波兰1间、西班牙4间、英国4间。北美洲共有19间，包括：美国13间、加拿大4间、墨西哥2间。亚洲共有

5 间,包括:中国(沈阳)1 间、日本 1 间、泰国 3 间。非洲有 2 间,包括:阿尔及利亚 1 间、尼日利亚 1 间。南美洲共有 2 间,均设在巴西。

米其林轮胎以其为人类作出的贡献和技术以及成功的品牌宣传,现在已成为轮胎中的领袖。但因其生产厂家众多,生产地众多,因此,在选购米其林轮胎时,应分清产地。因为,不是一个地区生产的轮胎,其价格是不同的,如法国和德国生产的米其林轮胎和日本、泰国、巴西等地生产的米其林轮胎,价格差距很大,所以,在购买时要特别注意产地。国产的米其林轮胎也已问世,在购买时更要注意看清。

米其林轮胎的胎侧上方,都有米其林轮胎的特殊标志——快乐、健康的小“雪人”,如果不知米其林轮胎外文的驾驶员,可以在轮胎上找“雪人”标志。有“雪人”的即为米其林轮胎。

固特异轮胎

固特异轮胎的总厂设在美国,在世界各地有很多分厂。

1995 年固特异轮胎与大连橡胶总厂合资组建了大连固特异公司,并试生产子午线轮胎 10.8 万条。目前该厂生产的轮胎已基本上取代了美国生产的固特异轮胎,并为一汽捷达轿车部分配套使用。

在购买固特异轮胎时,请认准上面的商标并看清生产产地。

韩国牌轮胎

韩国牌轮胎是韩国生产的产品。韩国牌轮胎公司成立于 1941 年,过去叫乐声牌，后来改为韩国牌。

韩国牌轮胎厂于 1996 年 8 月与江苏省清江橡胶厂签约，组建韩泰轮胎有限公司。其后，在淮阳市经济开发区筹建韩泰轮胎（江苏）有限公司。此外，在浙江省嘉兴市经济开发区独资组建韩泰轮胎嘉兴有限公司，1996 年 11 月 8 日举行了奠基仪式。

在不久的将来，国内几家工厂生产的韩国牌轮胎，定会给国内轮胎厂家带来猛烈的冲击。到时，广大驾驶员在购买韩国牌轮胎时，请认清上面的商标和产地。

锦湖轮胎

锦湖轮胎是韩国锦湖轮胎株式会社的产品。韩国锦湖轮胎株式会社已有 35 年制造轮胎的历史，1996 年总销售额达 120 亿元人民币，在世界轮胎生产企业中排名第十位。1992 年该公司开发生产出了先进的 35 系列 ZR 级轮胎，在设计、开发、制造和服务方面均获得了 ISO 国际质量认证和 14001 环境质量认证。

1995 年，韩国锦湖集团分别与南京轮胎厂、天津轮胎橡胶工业有限公司合资兴建了大型专业汽车轮胎制造厂——南京锦湖轮胎有限公司和天津锦湖轮胎有限公司。

南京锦湖轮胎有限公司总投资额为 1.2 亿美元，于 1996 年 11 月 30 日正式开业，主要产品有载重、轻卡和乘用胎等。

天津锦湖轮胎有限公司总投资额为 8900 万美元，于 1997 年 4 月 8 日正式竣工开业，主要生产轿车用子午线轮胎，年产量为 300 万条。

目前，在国内市场上，合资生产的锦湖轮胎已基本上取代了韩国原厂的产品。

倍耐力轮胎

倍耐力轮胎的总部设在意大利,在巴西等国也有工厂。

在购买倍耐力轮胎时,请认准其商标和产地。

邓禄普轮胎

邓禄普轮胎有日本生产的,也有德国生产的。邓禄普轮胎就是以1888年发明的第一条充气自行车轮胎的J·B·邓禄普先生的名字命名的。因为邓禄普轮胎的商标很像一条飞鱼,因此,在我国有些地方也称之为“飞鱼”轮胎。

日东轮胎

日东轮胎是日本生产的,它和日本东洋公司为兄弟厂家。

大津(飞劲)轮胎

大津(飞劲)轮胎是日本大津轮胎株式会社生产的产品。大津(飞劲)轮胎于1944年建厂,总公司在日本大阪。

好运来轮胎

产地:德国和瑞典。

7 轮胎的合理选用

前面我们已介绍了轮胎的基本知识和国内国外部分轮胎厂家的商标、产地等基本内容,同时给大家介绍了世界权威部门的质量认证。相信大家对轮胎已经有了一个基本的认识,对于国产和进口轮胎的品牌也都有了初步的了解,不会再有连自己开的车上使用的是什么型号、什么品牌的轮胎都不知道的情况了。那么,当您在选购新轮胎时,还应注意些什么呢?下面我就给大家介绍一下如何正确选用轮胎。

●如何选用斜交轮胎

当您在准确购买轮胎时,首先要查看自己原车上使用的是什么型号的轮胎,是几层级的轮胎,然后要看一看是什么品牌的轮胎,是进口的?还是国产的?进口的是哪一个品牌?国产的是哪一个品牌?看清了这些以后,还要看一看自己车上使用的轮胎是用什么材料作为帘线的轮胎,是人造丝的?还是尼龙的?还是钢丝的?因为在同一辆车上如果使用了不同帘线作为胎体的轮胎,就会破坏车辆的最佳操纵性和最佳使用性能。在这里,您就要根据前面介绍过的斜交胎的有关知识确认胎体结构。然后再看轮胎的花纹。斜交胎的花纹一般比较简单,大体可归纳为三大类,即顺纹、横纹和综合纹(中间顺纹,两边横纹)。上面这些内容都了解清楚了以后,再看一看自己对原来使用的轮胎印象如何?认为原来使用过的轮胎质量很好,那么,按图索骥即是。如果对原来使用过的轮胎质量不满意,比如,不耐磨、胎面不美观或花纹不理想等,那么,此次换轮胎就是一个重新选择的机会。如果这次换轮胎在两条以上,就可以选择新的品牌。比如,此次换两条新胎,就可以将新换的两条轮胎放在前轮上,待再换轮胎时,就可将现在不满意的轮胎全部换掉。如果这次换胎是全部换,那么,选择的机会就更大。比如,原来用的是斜交胎,那么这次也可以换成子午线胎;如果对原来用的轮胎花纹不满意,这次就可以选择适合您的汽车所跑路面的花纹。

目前市场上的进口轮胎和国产轮胎价差比较大,因此,在购买轮胎时,首先还要给自己定位,如果对原来使用过的轮胎不满意,打算换新的品牌,那么,首先要决定是买进口的?还是买国产的?然后再根据前面介绍的国内、国外轮胎厂家以及它们的优质产品,购买自己所需要的轮胎。

以上这些,都是自己在买轮胎之前应当拿定主意的。此外,在和销售商接触以后,还应注意下面几点:

①注意价格。目前我国的轮胎市场比较乱,没有统一的管理,没有统一的价格,有的经销商进货渠道不同,有的经销商的加价率不同,因此,同样一种轮胎可能差价很大。所以,在购买轮胎时,在可能的情况下,多问几家是明智的选择。

②目前进口轮胎,一般都是不带内胎进来的,用轮胎业的行话来说,就是“条胎”而不是“套胎”。但一般斜交胎都配着内胎走,有的配进口内胎,有的配国产内胎,因此,在和销售商谈价时,要讲明是“条胎”,还是“套胎”;是进口的内胎,还是国产的内胎。这些小事情也需讲明在先,以免双方误会。

③检查自己所买的轮胎。首先要核对型号和层级数,其

次要检查胎体结构。此外,要查验外观胶料是否脱落,花纹是否整齐,胎侧标示是否完整、清晰,胎唇(与轮圈接口处)是否变形或划伤。然后要检查产地,前面介绍进口轮胎时,已基本介绍了它们的产地,看自己选购的轮胎是不是自己所要产地生产的。而国产轮胎则要看一看是不是总厂生产的,是不是"A"级产品。此外要特别检查轮胎上的商标是否完好。一般国产轮胎厂家生产出的不合格产品,不是销毁,而是降价处理,但工厂一般都将该条轮胎上的商标磨掉,以示不合格的产品,但有些销售商,不和顾客讲明,仍然按合格产品销售。因此,当您在购买国产轮胎时,一定要检查它的商标。

如果您按上面介绍的情况选购轮胎,您就能买到您想买的最好的产品。

●如何选用子午线轮胎

这里所介绍的选购子午线轮胎的方法,是指驾驶员平时零星购买,而不是成批购买。也就是说,当自己驾驶的汽车需要换胎时,应当怎样去选购。这里主要给大家介绍一下,应当了解和注意些什么内容。

总的来说,作为驾驶员,应当了解自己车上使用的是什么规格型号的轮胎,是什么品牌的轮胎,是什么胎体结构的轮胎(在前面介绍子午线轮胎的构造时,已给大家介绍过,子午线轮胎分为三种:全钢丝子午线轮胎、半钢丝子午线轮胎和全纤维子午线轮胎)。这样,就可以避免在换胎时,把轮胎型号搞错,一个车上出现两种或两种规格以上的轮胎(这种情况并非少数)。否则,就像一个人,左脚穿了 42 号的鞋,而右脚穿了 43 号鞋,虽然一样能走路,但肯定不舒服。另外,同一车上如果使用了不同胎体的轮胎,那么,它们的周向滑移、升温、散热以及各部的受力等都不一样,这样势必影响车辆行驶的稳定性及安全性。另外,要注意轮胎的花纹。轮胎的花纹,在轮胎上的作用是十分重要的。它的作用不仅仅是产生驱动力和制动力,更重要的是排水防滑。

当您打算换轮胎时,了解了自己车上的轮胎上述这些情况以后,首先要看自己对使用过的轮胎是否满意,比如,耐磨情况?胎侧是否太薄太软?如果对已使用过的轮胎满意,那么,仍然选择这个牌子即是。如果对已经使用过的轮胎不满意,比如说不耐磨、胎侧起泡等,那么,此次换胎,就是重新选择的时候,可以选择自己认为满意的轮胎。但这时有一个问题需要注意,如果只换一条轮胎,那么,一定要选择和原来的花纹一样或近似的轮胎,否则,如果花纹差距太大,会影响车辆的最佳使用性能,特别是在下雨天积水的路面,因为花纹不同,轮胎的排水量不同,可能会造成车辆的侧滑等情况。另外,对驱动力和制动力都会略有影响。所以,如果换一条轮胎时,最好选用花纹与原用的轮胎一样或近似的轮胎。

如果换两条或两条以上轮胎时,选择的机会就大一些,可以将新换的两条新胎放在前轮使用,待以后换胎时,逐步都换成自己满意的品牌。如果一次将全车轮胎都换成新的,这时,在选择花纹时,可以根据自己行驶的区域来确定。一般如果在城市里行驶,选择时以舒适、宁静的花纹为好;如果在多雨的地区行驶,则以直纹阔沟防滑的排水性能好的花纹为好;如果需在乡间泥泞的沙石路行驶,则应选择“M + S”和耐磨性好的轮胎。这里需特别提醒大家的是,有些属于越野性的车辆,如北京切诺基,虽属于越野车辆,但如果行驶的区域只限在城市里，也就是说，大部分时间是在城市的柏油路面行驶，那么，最好使用普通花纹的轮胎，而不必使用那种越野性极佳的大花纹轮胎，这样，既节省燃料，乘坐又舒服，也不影响车辆的使用性能，可谓一举数得。

客车或轿车一般都在较好的路面行驶，速度比较快，防滑性并不十分重要，因此，应选择排水好的直线形花纹轮胎。特别是在高速路上行驶的车辆，轮胎花纹的排水性十分重要，所以要选用阔沟直线花纹，这种花纹，除排水性能好以外，乘坐舒适，滚动阻力小，节省燃料。

确定了轮胎的型号、胎体结构和花纹以后，最重要的就是要确认轮胎的速度级别。轮胎的速度级别十分重要。沪宁高速路上的爆胎翻车事故，很大比例就是因为轮胎的速度级别不够，而行驶速度比轮胎上的规定速度级别快造成的。石家庄到北京的京石高速路，自 1991 年 3 月 22 日开通到 1996 年，仅河北段在短短的几年之内，发生爆胎翻车事故共 465 次，绝大部分原因，也是因为部分国产轮胎的速度级别较低，而多数驾驶员不懂得轮胎上的速度级别规定，因此，车速超过了轮胎上的速度级别极限，导致爆胎翻车。

在购买轮胎时，还要根据自己车辆的性能和自己的开车习惯，决定自己所选购的轮胎的速度级别。如果自己的车辆性能很好，速度较快，或自己有开快车的习惯，那么，在选购轮胎时，要看一看轮胎上的速度级别能否挡得住你。比如轮胎上的速度级别是“S”级，即 180km/h，那么，要看一看自己有没有可能把车开到 190km/h，或更快，如果有可能，那么，劝你选择“T”级，或“H”级，或者更高的速度级别。因为轮胎上的速度级别是严格按照有关的技术指标制定的，只要不超过它的规定速度,就不会在速度方面出现问题,但如果超过了轮胎上规定的速度,就有可能会出现沪宁高速路和京石高速路上的悲剧。所以,在选购轮胎时,一定要根据自己的实际情况确定自己所选轮胎的速度级别。

前面我们已介绍过世界权威的质量认证,在选购轮胎时,我们要检验一下自己所选购的轮胎上是否有世界权威的质量认证,特别是在1997年底以后,在购买轮胎时要特别检验轮胎上是否有我国政府的"CCIB"标志。就一般情况而言,凡是获得了前面介绍的质量认证的轮胎,都是轮胎中较为不错的产品,可以放心使用,但如果没有任何质量认证,则要多加考虑,慎重选择,最好放弃。

轮胎的老化也是一个比较严重的问题,因此,在选购轮胎时,还要检查一下轮胎的生产日期。轮胎的生产日期都打在了轮胎的侧壁上,但它不是一目了然的年月日,而是用数字表示的。比如日本东洋轮胎,它的生产日期是这样表示的:4 5 7 1 4 7(185/70R 13 330 花纹轮胎),其中最后一位数的"7"即代表1997年,倒数的第二、三位数的"14",即代表第14个星期,也就是说,这条轮胎是1997年的第14个星期生产的(14×7=98天,也就是1997年4月初生产的)。轮胎的生产原料中有防老化的材料在里面,因此,一般情况下,轮胎放置2~3年问题不大,但如果时间太长,轮胎就会发生老化,影响使用寿命,所以,要检查轮胎的生产日期,如果时间太长,应拒绝使用。

除此之外,还要检查轮胎的外观。检查一下胶料是否脱落,花纹是否完好无缺,胎侧标示是否完整、清晰,胎体强度够不够,胎唇是否变形或划伤(胎唇与胎圈咬合,若变形或划伤,无法做真空胎使用)。

现在有些驾驶员喜欢把原车使用的轮胎加宽,扁平率放低,这样改变以后,车辆的外形更加美观,行驶起来也更加平稳,制动性能也会提高。如果换胎时一次全换,就是一个最好的机会,可以考虑加宽,但是任何事情都有一个“度”,超过了这个“度”就会事与愿违。我在工作中经常遇到有些驾驶员不懂得轮胎的互换性,一味追求“宽”和“低”,认为越宽越好,越低越好,其实,轮胎有它的互换性,这种互换是以理论为依据的。表 7-1 是由日本东洋工业株式会社提供的轿车用子午线轮胎的互换表。您如果想把自己的轮胎变宽,扁平率变低,可按此表中所列的互换规格进行互换。比如,美国福特厂生产的天霸轿车,原来用的是 P185/70R14 轮胎,可以将它换为 195/65R14 轮胎,或换成 185/65R15 轮胎,但因表 7-1仅限于轮胎尺寸的互换性,因此,当您在依此表进行换装时,必须查看一下下列情况:轮胎与车体、挡泥板是否碰擦,把转向盘打满以后,检查前轮会不会碰拉杆头、减振器,检查轮胎是否超出车体等。如果没有发生上述情况则属合格,如果有问题则不能互换。

轿车用子午线轮胎互换表(70⇩65、60) 表 7-1

标准规格	互换规格	
70 系列	65 系列	60 系列
145/70R12	155/65R12	165/60R12
	—	165/60R13
	145/65R13	155/60R13
		165/60R13

续上表

标准规格	互换规格	
70 系列	65 系列	60 系列
155/70R12	155/65R13	165/60R13
165/70R12	165/65R13	175/60R13
	165/65R13 175/65R13	185/60R13
175/70R12	175/65R13	185/60R13
		195/60R13
145/70R13	155/65R13	165/60R13
	165/65R13	175/60R13
155/70R13	165/65R13	195/60R13
	165/65R13 175/65R13	185/60R13
	—	165/60R14
165/70R13	175/65R13	185/60R13
	185/65R13	175/60R13
	165/65R14	175/60R14
	165/65R14 175/65R14	185/60R14
175/70R13	185/65R13	195/60R13
		205/60R13
	195/65R13	—
	175/65R14	185/60R14
	175/65R14 185/65R14	195/60R15

续上表

<table>
<tr><th>标 准 规 格</th><th colspan="2">互 换 规 格</th></tr>
<tr><th>70 系列</th><th>65 系列</th><th>60 系列</th></tr>
<tr><td rowspan="6">185/70R13</td><td>—</td><td>205/60R13</td></tr>
<tr><td>195/65R13</td><td>215/60R13</td></tr>
<tr><td rowspan="2">185/65R14</td><td>195/60R14</td></tr>
<tr><td>205/60R14</td></tr>
<tr><td>195/65R14</td><td>215/60R14</td></tr>
<tr style="display:none"></tr>
<tr><td rowspan="4">195/70R13</td><td rowspan="2">—</td><td>215/60R13</td></tr>
<tr><td>225/60R13</td></tr>
<tr><td>195/65R14</td><td>215/60R14</td></tr>
<tr><td>205/65R14</td><td>—</td></tr>
<tr><td rowspan="5">175/70R14</td><td rowspan="2">185/65R14</td><td>195/60R15</td></tr>
<tr><td>205/60R14</td></tr>
<tr><td>—</td><td>185/60R15</td></tr>
<tr><td>195/65R14</td><td>215/60R14</td></tr>
<tr><td>185/65R15</td><td>195/60R14</td></tr>
<tr><td rowspan="5">185/70R14</td><td>—</td><td>205/60R14</td></tr>
<tr><td>195/65R14</td><td>215/60R14</td></tr>
<tr><td>205/65R14</td><td>—</td></tr>
<tr><td>185/65R15</td><td>195/60R15</td></tr>
<tr><td>185/65R15
195/65R15</td><td>205/60R15</td></tr>
<tr><td rowspan="3">195/70R14</td><td>—</td><td>215/60R14</td></tr>
<tr><td>205/65R14</td><td>225/60R14</td></tr>
<tr><td>195/65R15</td><td>205/60R15</td></tr>
</table>

续上表

标准规格	互换规格	
70 系列	65 系列	60 系列
195/70R14	195/65R15	215/60R15
	205/65R15	—
205/70R14	215/65R14	225/60R14
		215/60R15
	205/65R15 215/65R15	—
195/70R15	205/65R15 215/65R15	—
205/70R15	215/65R15	—

注:①本表选载的是能从 70 系列换装成 65、60 系列,或者能从 65 系列换装成 60 系列的轮胎规格;

②本表是从标准轮胎的尺寸来判断是否与之有互换性的。考虑到额定载荷、额定速度等安全因素,一般不进行逆向互换;

③因为本表仅局限于轮胎尺寸的互换性,故在决定采用时,必须确认是否符合安全基准,如:轮胎与车体、挡泥板等的碰擦,回转部分(轮胎、轮辋等)是否超出车体等问题。

另外,在选购自己已认定的品牌的轮胎时,最重要的就是要检查轮胎的产地。前面我们在介绍进口和国产轮胎时,特别是在介绍进口轮胎品牌时,已给大家介绍过部分进口轮胎的产地情况,如米其林轮胎,全世界共有 70 多间工厂,日本石桥轮胎,全世界共有 47 家工厂。虽然是同一品牌的轮胎,因为产地不同,价格会有很大差距,所以,一定要检查产地。现在已有很多品牌的进口轮胎已来中国投资设厂,也就是说,在中国生产的产品已大量投放市场,所以,在买轮胎时,一定要看一看是本土生产的,还是分厂生产的,还是和中国合资的,因为三者之间的价格是有很大差距的。一般在选用进口轮胎时,是以品牌的所在国家生产的产品(也就是常言说的本土产品)为最好,比如,法国生产的米其林轮胎,要比巴西或日本生产的米其林轮胎贵很多,而在中国生产的米其林轮胎又要比巴西或日本生产的米其林轮胎便宜很多。不了解这些情况,而只看品牌,有时一旦遇上不规矩的销售商,可能就会给消费者带来损失,所以在购买轮胎时,还应掌握这些方面的知识。因为轮胎上的产地大部分是用外文标注的,特别是进口轮胎的产地情况,全部是外文。为了让大家了解每个国家的外文名称或缩写字母,现将轮胎产地情况列于表 7-2。

轮胎产地详情介绍　　　　表 7-2

编号	英 文 名 称	中 文 名 称
1	MADE IN CHINA	中国制造
2	MADE IN JAPAN	日本制造
3	MADE IN U. S. A	美国制造
4	MADE IN CANADA	加拿大制造
5	MADE IN KOREA	韩国制造
6	MADE IN INDONESIA	印尼制造
7	MADE IN GERMANY	德国制造
8	MADE IN MALAYSIA	马来西亚制造
9	MADE IN BRAZIL	巴西制造
10	MADE IN FRANCE	法国制造
11	MADE IN ITALY	意大利制造
12	MADE IN SOUTH AFRICA	南非制造
13	MADE IN THAILAND	泰国制造
14	MADE IN SINGAPORE	新加坡制造

续上表

编号	英 文 名 称	中 文 名 称
15	MADE IN ENGLAND	英国制造
16	MADE IN HOLLAND	荷兰制造
17	MADE IN BELGIUM	比利时制造
18	MADE IN SWEDEN	瑞典制造
19	MADE IN SWISS	瑞士制造
20	MADE IN RUSSIA	俄罗斯制造
21	MADE IN INDIA	印度制造
22	MADE IN CECHOSLOVAKIA	捷克制造
23	MADE IN MEXICO	墨西哥制造
24	MADE IN PANAMA	巴拿马制造
25	MADE IN PAKISTAN	巴基斯坦制造
26	MADE IN IRAQ	伊拉克制造
27	MADE IN IRAN	伊朗制造
28	MADE IN AUSTRALIA	澳大利亚制造
29	MADE IN NEW ZEALAND	新西兰制造
30	MADE IN SAUDI ARABIA	沙特制造
31	MADE IN PORTUGAL	葡萄牙制造
32	MADE IN SPAIN	西班牙制造
33	MADE IN FINLAND	芬兰制造
34	MADE IN NORWAY	挪威制造
35	MADE IN POLAND	波兰制造
36	MADE IN ROMANIA	罗马尼亚制造
37	MADE IN DENMARK	丹麦制造

为了让大家对进口的轮胎和国产轮胎的价格有一个大概的了解,笔者根据目前市场的销售价格把轮胎大概分一下类。这个分类,只是根据目前市场的销售价格而言,并非指轮胎的内在质量而言,因为每一个厂家的营销策略不同,有的厂家是为了宣传品牌,提高品牌的知名度,而有的厂家是为了抢占市场份额,因此低价倾销。所以,笔者仅根据目前市场的销售价格将进口轮胎大概分一下类。

目前市场销售价格较贵的轮胎有:法国和德国生产的米其林轮胎、意大利生产的倍耐力轮胎以及瑞典生产的好运来轮胎。

其次是日本生产的横滨牌、东洋牌、石桥牌、井字牌、邓禄普牌以及美国生产的固特异牌轮胎等。

韩国本土生产的韩国牌、锦湖牌和东南亚等国生产的如大象牌、美佳牌、南港牌轮胎,目前的销售价格较低,有的甚至低于我国上海生产的回力牌。

以上是目前市场上轮胎销售价格的一个大概情况。了解这一大概情况对于今后选购轮胎是大有帮助的。目前的轮胎销售市场比较混乱,没有统一的管理,有些商家在驾驶员不了解轮胎的档次和价格的情况下,巧弄如簧之舌,欺骗顾客,而有些驾驶员又经不住鼓惑,因此上当被欺。只要您了解和掌握上述这些情况,就不会再上当受骗。

●如何选用铝合金轮圈

铝合金轮圈因为具有光亮美观、散热好、降低轮胎爆胎危险系数,材质轻,节省燃料,轻灵、舒适等优点,因此,深受用户的喜爱。正因如此,有很多驾驶员朋友便将原来车上用的铁圈换成铝合金轮圈,但如果换装不当,就会使车产生故障,而如果所用的产品未经有关部门认证或质量不好,则会给行车带来危险。下面就铝合金轮圈的基本知识及有关部门的质量认证等做一简单介绍。

1)铝合金轮圈的基本术语

圆缘座——轮胎胎唇部位与轮圈接触的密合部位。

孔距(P.C.D)——孔距就是每个孔位的中心连接而成的圆的直径。

轮圈中心线——通过轮圈侧断宽面的平分线。

安装面——指和汽车制动鼓相连接的轮圈中心后部的表面。

偏位值——指轮圈安装面和轮圈中心线的距离。

负偏位值——当安装面凸向轮圈内部,此时偏位值为负数,叫负偏位值。

正偏位值——当安装面凹向轮圈外部,此时偏位值为正数,叫正偏位值。

后空间距——后空间距离是指从安装面到轮圈内缘的距离。

轮圈直径——轮圈直径是从圆缘座而不是轮圈缘量度的垂直高度。

轮圈宽度——轮圈宽度是从每个圆缘座外部角而不是轮圈的外缘量度的宽度。

2)铝合金轮圈各部分名称

铝合金轮圈各部分名称如图 7-1 所示。

①三种偏位值

铝合金轮圈的偏位值是指轮圈中心线到安装面的距离

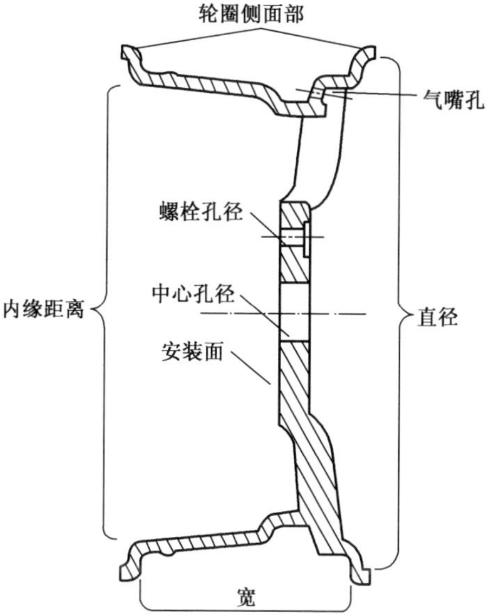

图 7-1　铝合金轮圈各部分名称

(数值分正数和负数)。它包括零偏位值、正偏位值和负偏位值三种,如图 7-2 所示。

②孔距

孔距是指每个孔位的中心连接而成的圆的直径。图 7-3 所示为四孔、五孔位轮圈孔距的度量示意图。

3)安全认证部门

我国的铝合金轮圈厂在逐年增加,其间的良莠,广大驾驶员是很难了解清楚的。在国外轮圈的安全认证机构早已诞生,如美国 STL、德国 TüV、英国 MARI、日本 JAWA 等,对轮圈的安全进行检验认证和公布,为广大驾驶员朋友拨云指日。我国的“全国汽车车轮标准实施监督站”(简称 NC)和六个分

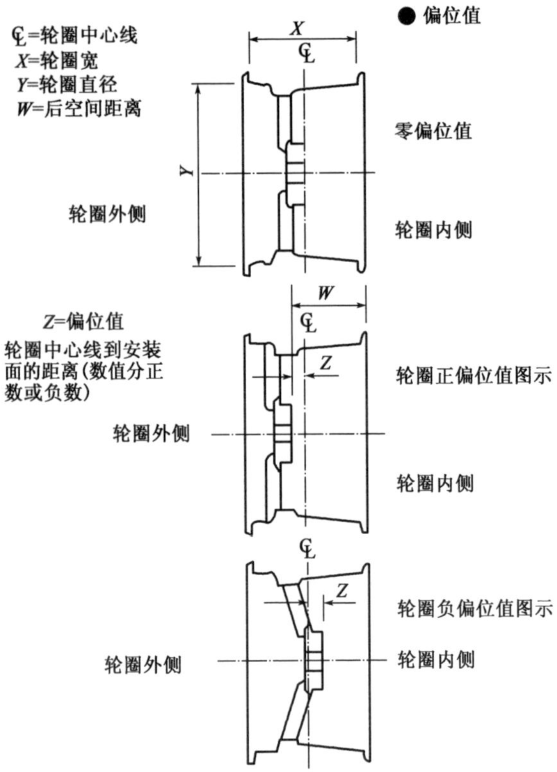

图 7-2　轮圈的三种偏位值

℄-轮圈中心线；X-轮圈宽度；Y-轮圈直径；W-后空间距离；Z-偏位值

站[长春分站(CC)，十堰分站(SY)，上海分站(SH)，天津分站(TJ)，济宁分站(JN)，秦皇岛分站(QHD)]也已于 1995 年成立，对轮圈进行质量监督和安全认证。凡是获得 NC 认证的产品，都必须接受弯曲疲劳强度试验、径向疲劳强度试验、冲击强度试验、平衡试验、气密性能试验等，合格者才给予认证和

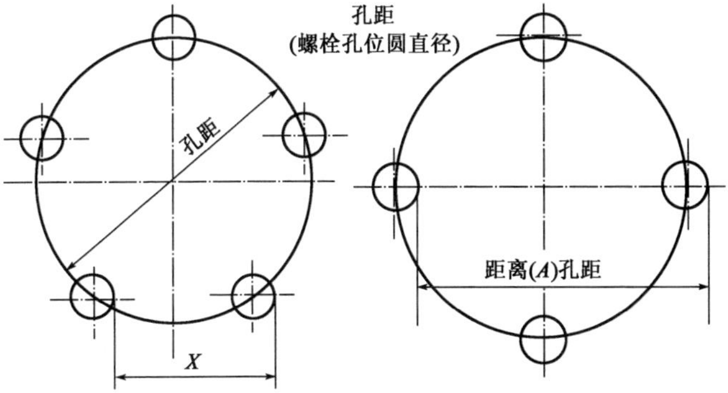

图 7-3　轮圈孔距的度量示意图

公布。由此可以看出,凡是获得 NC 认证的产品,它的各方面强度和气密性能都是合格的,您可以放心选用。此外,获得 ISO 质量保证体系认证的企业的产品,也可放心选用。下面将云南云达利铝合金制品有限公司获得的有关方面的认证证书附于后(见图 7-4),请驾驶员朋友参照,以加深了解。

4)汽车遇到下列问题时的解决方法

(1)当汽车行驶到某一速度时,转向盘产生震动,但低于或高于此速度时,震动消失。

解决方法:产生这种问题的原因,主要是平衡不好,因此,首先要对四个轮胎进行精确的平衡,其次要检查螺丝、螺母和螺栓的使用是否正确,有弧度的原配螺丝、螺母不能安装于内尖角座为 60°螺孔的轮圈内。再次,要检查轮圈的中心孔和汽车的车轴的吻合情况,如果吻合不好,就要使用中心圈,把中心圈安装到轮圈上,然后再把轮圈安装到汽车上,以上方法即可解决上述问题。

国家轿车质量监督检验中心　　　　报告编号:ZJD-96-36

检 验 报 告

共 3 页 第 1 页

产品名称	汽车车轮	型号规格	14×6JJ
		商　　标	——
受检单位	亚达利铝合金制品有限公司	检验类别	质量抽检
生产单位	亚达利铝合金制品有限公司	样品等级	合格品
抽样地点	亚达利铝合金制品有限公司成品库	抽样日期	1996.4.19
样品数量	6件	抽 样 者	姜春生　潘[illegible]
抽样基数	500件	原编号或生产日期	——
检验依据	国家技术监督局（1996）技监监计抽函字第014号文，参照GB/T 5334-1995《轿车钢制车轮性能要求和试验方法》和ISO 7141-1981《道路车辆－车轮－冲击试验程序》。	检验项目	动态弯曲疲劳试验、动态径向疲劳试验和冲击试验。
检验结论	亚达利铝合金制品有限公司生产的14×6JJ型铝合金汽车车轮样品，经检验，其动态弯曲疲劳试验和动态径向疲劳试验结果符合GB/T 5334-1995《轿车钢制车轮性能要求和试验方法》的要求，其冲击试验结果符合ISO 7141-1981《道路车辆－车轮－冲击试验程序》的要求。 产品合格。 签发日期：96年10月5日		
备　注			

批准：[illegible]　审核：[illegible]　主检：[illegible]

图　7-4

质量体系注册证书

图 7-4　轮圈检验报告及质量认证证书式样

(2)随着车速的加快,转向盘的震动加剧。

解决方法:产生上述问题的原因主要有 4 点:①轮圈不圆;②轮圈孔距不精;③轮胎不圆;④轮圈的中心圈没有正确安装。所以遇到上述问题时首先要分别检查轮圈和轮胎是否圆,其次检查轮圈的中心孔径是否在正中位置,再次,检查轮圈的中心圈是否安装正确。轮圈不圆或中心孔不在正中,属轮圈质量问题,应当给予更换。

(3)制动时,转向盘剧烈颤抖。

解决方法:这种情况的发生大多是前制动碟扭曲变形或制动碟生锈造成的,因此,应当更换制动碟。在这里特别提醒驾驶员注意的是,如果汽车经过长时间的行驶,轮圈和制动系统温度很高时,不应马上用水洗车,否则就容易使制动碟轻微变形。此外,轮圈安装有误也会导致制动时转向盘颤抖,因此,也要检查轮圈安装是否正确。

8　轮胎常见故障及原因

您如果开过一段时间车以后，肯定遇到过这样的情况：轮胎胎侧起了泡；轮胎胎面一边的沟还很深而一边已磨平；轮胎胎面的中间被磨平而两边还有很深的花纹；胎侧被割了个大口子；帘线断裂……从而导致轮胎报废(图8-1)，那么轮胎的这些故障到底是怎样造成的呢？

图8-1　使用不当导致轮胎故障甚至报废

下面着重介绍几种轮胎的故障及其原因以及避免的方法。

●胎侧割伤

从前面给大家介绍的轮胎构造一章中可以看出，轮胎的胎侧是轮胎中最为薄弱的地方，因为一般轿车用的子午线轮胎的胎侧,只有一至二层尼龙层,而胎侧又是轮胎中最为凸出的部位,且承受着最大的载荷,所以,轮胎的胎侧是最容易受到伤害的部位,同时,胎侧又是最无抗击受害能力的部位。从日本东洋工业株式会社工程师苫野浩幸先生1995年在中国市场进行的调查中可以看出,在122条报废轮胎中,胎侧割伤所占的比例为31%,远远大于正常磨耗的25.9%(参见图0-1)。由此,可以看出,胎侧割伤使轮胎报废而给带来的经济损失太大了,应当引起广大驾驶员的充分重视。

图8-2a)、b)中轮胎上的侧伤是轮胎受到猛烈撞击或擦伤所致。这种情况多发生在当轮胎和马路牙的角度不对时,强行上马路牙所致。因为马路牙多是由水泥方砖一块块立起来的,而水泥方砖的边对于轮胎来讲是十分锋利的,另外,一块块的方砖并非是十分平行地在一条线上,有时,有的砖凸出一些,那么,凸出的砖角就是轮胎的最大敌人。

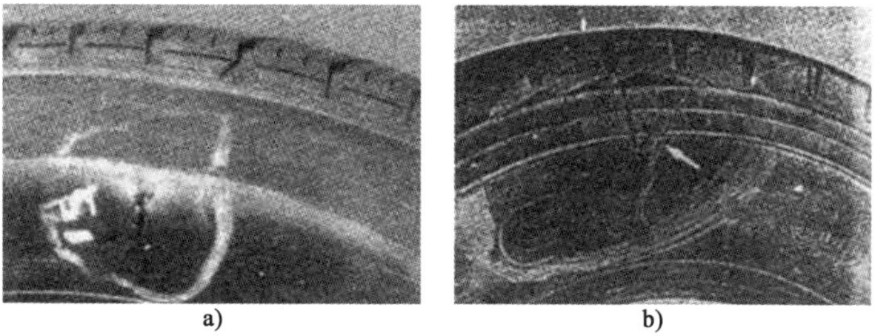

a) b)

图8-2 轮胎受到猛烈撞击或擦伤而导致侧伤

如图8-3所示,一般城市的马路都有路牙,而路牙下面一般都是禁止停车的,车辆一般就都需停到路牙上面去。但有的路牙较高,轮胎和路牙成90°时(使胎冠受力)不易上去,所以只有当轮胎和路牙之间的角度小于90°时,也就是说,轮胎需斜着上时,才能上去,这样,受力部分就不再是胎冠而是胎肩及胎侧,所以胎肩及胎侧受伤就不可避免了。轮胎和路牙之间的角度虽然小于90°,但因路牙有一定的高度,所以并不是很容易就上得去路牙,这时有的驾驶员会加油冲上去,这就是胎侧受到猛烈撞击的主要原因,而慢速上时,遇到有突出的砖角,或轮胎与路牙之间的角度太小时,往往会造成轮胎侧部的擦伤。

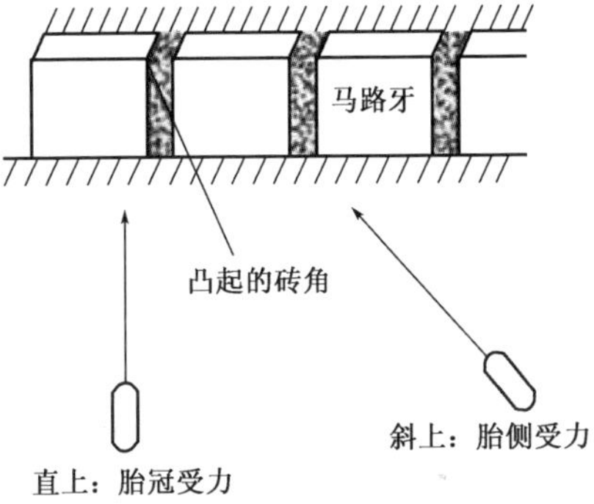

图8-3　上马路牙时轮胎的受力情况

此外,靠边停车时,路牙对于胎侧的威胁也是最大的。有些驾驶员因为对胎侧的薄弱认识不够,在靠边停车时未给予足够的重视,往往以很快的速度靠边停车,这样经常造成胎侧与路牙的接触,胎侧也往往受到伤害。此时,路牙砖如果较直,没有凸出的,往往使胎侧受到多处擦伤,严重的,有时会挤断胎侧的帘线,使胎侧起泡;如果路牙砖有凸出的,则会割伤或撞伤胎侧。另外,新驾驶员还没有把握好靠边停车的技术时,也往往会使胎侧和路牙发生接触,但他们和老驾驶员的区别在于速度不会很快。这时,千万不要继续前行,靠继续前行打回方向的想法和做法就会使胎侧受到进一步伤害，对于新驾驶员来讲，要把车倒回来，重新找角度，因为靠边时速度较慢，可能会避免胎侧受伤。

此外，直接威胁胎侧的还有锋利的砖角、固定路障用的角铁和螺丝。图 8-4 和图 8-5 都是路口或拐弯处设的障碍物，其目的是使驾驶员在路口处减速慢行，以避免发生意外。但设障碍的人并不一定了解汽车轮胎，因此，在设置路障的同时，也给轮胎埋下了“地雷”，时常给轮胎带来毁灭性影响。图 8-6中锋利的砖角更会要轮胎的“命”。在遇到这样的情况时，如果驾驶员不予注意，尽量避免，而是直冲上去，或者在拐弯时，角度掌握得不好，而使轮胎与之相撞，都会使轮胎受到伤害。图 8-7 是轮胎侧部受到类似的撞击后的内部情况。因此，在遇到类似的地上物时，一定要注意驾驶技巧，避免轮胎与之相撞，以避免不必要的损失。另外，有的马路，比如桥下可掉头的地方，因为掉头处的马路角度拐弯较急，路牙也是随着路很急地拐回头的，所以有些驾驶员经常在掉头

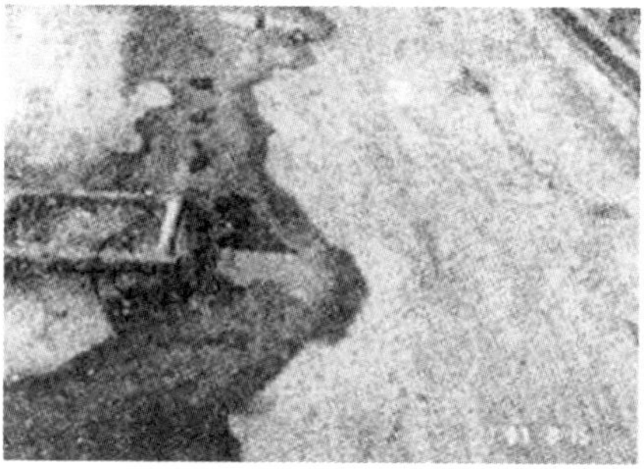

图 8-4　固定路障用的角铁

时掌握不好角度(新驾驶员较多),使后轮与路牙相撞,造成不必要的损失。笔者在北京市北三环西路的四通桥下就曾目睹过这样一幕。当时前面的一辆车,由西向东行驶到四通桥下掉头时,由于车速较快,角度掌握得不好,因此使左后轮撞在了拐弯处的路牙上,导致轮胎和轮圈全部报废。所以,当您行驶到拐弯处时,一定要放慢车速,找好角度,避免后轮与路牙相撞。

图 8-5　固定路障用的螺钉

图 8-6　锋利的砖角

图 8-7　轮胎侧部受到捶击后的内部情况

图 8-8 是某些单位门口的铁栅栏的组成部分。它们的作用是固定铁栅栏,但它们同时又是轮胎的“敌人”,所以,当您行驶到单位的门口时要留意一下地上是否有类似的东西,如果有的话,一定要避开它们,否则,可能给您的轮胎带来损害。

a)　　b)

图 8-8　铁栅栏的固定部件

还有,未经铺设的路面和石子路面以及凹凸不平的碎石路都会伤害到胎侧。子午线轮胎在承重后或在转向时,因为它的周向滑移率较大,胎侧实际上是要宽出胎冠的,特别是在转向时,胎侧因周向滑移多而更接近地面,这时,凸出路面的石子或凹坑都会无情地伤害胎侧。所以，当行驶到这种路面时，一定要放慢车速，择路而行。

此外，还有一种情况对于轮胎侧壁的伤害也是十分巨大的，但是有很多驾驶员却并没有意识到，特别是有的轮胎的内侧受伤，更是多由这种情况造成的。那就是有的路段在重新修补或铺设时，为了不使交通中断，往往要先铺设一边，然后再铺设另一边。这时，准备先铺设的一边在清除旧路面时，就会在路上留下一道很锋利的10多公分的"坎"，这道"坎"就像刀一样，随时威胁着轮胎的胎侧。当"坎"形成以后，并不是马上就能铺设好，这时，被"挤"到半边路上的往返车辆，靠着"坎"这一边行驶的车辆，因为各种原因，经常要有一些车会下"坎"（多是外手边的两条轮胎下去），然后再上"坎"，这一下一上，就会有很多轮胎的胎侧要被这道"坎"割伤，特别是在上"坎"时，轮胎的内侧极容易被"坎"割伤，而又不容易被发现，这就会给以后的行车造成很大的潜在危险。所以，提醒大家千万注意，当遇到这种路面时，一定要按要求行驶，不要为了超车或其他任何原因而随意下那道"坎"，以免割伤胎侧，见图8-9所示。

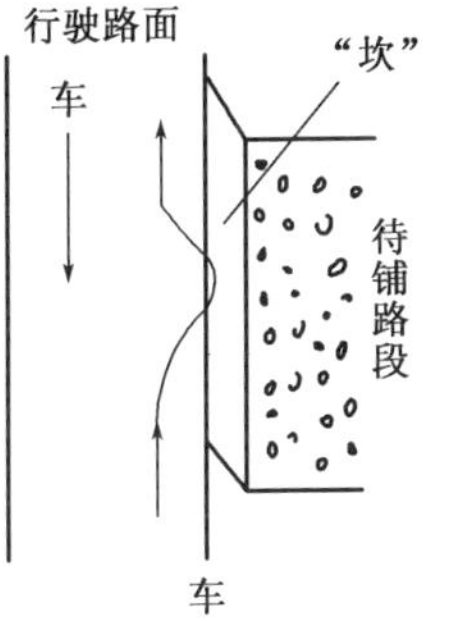

图8-9 路面修补时形成的"坎"

1997年10月，北京市紫竹桥西边的路，从河边的西面到西黄庄的三角地这一段路的北半边曾进行了一次重新铺设。当时在修北半边时，往返的车就全部被"挤"到了南半边，由东往西行驶的车，有的要左转弯，左转弯的车在等待时，后面直行的车不愿意等，就下"坎"超过去，所以，在修路的短短十几天当中,本公司设在西部汽车配件城内的富兴海华轮胎商店(西郊汽配城正好处在这段路的尽头)就接待了几次这样受伤的轮胎,因为有的轮胎的内侧刚刚受伤,还能清楚地看到受伤的痕迹。而有的驾驶员抱怨说:"从家出来时还好好的,就这么一段路,不知怎么搞的就坏了。"岂不知,"杀手"正是那道并没有引起人们重视的"坎"。

胎侧的问题已引起世界各大轮胎厂家的高度重视,各大轮胎厂家都在积极地寻找解决它的办法,而且,有的厂家已在着手实施。比如日本东洋轮胎195/60R14轮胎,主要是用于桑塔纳2000型和桑塔纳豪华型轿车,过去这种轮胎的胎侧只有一层尼龙帘线,为了加强它的强度和抗击能力,现已改为两层;而日本横滨轮胎厂新设计的A520花纹轮胎,则在胎侧加了一道保护边,可以防止路缘及路面碎石对胎侧的损伤,如图8-10所示。

图8-10　日本横滨轮胎厂设计的轮圈保护边结构轮胎

但是，生产厂家在轮胎设计、制造上的改进，只是提高轮胎抗损伤能力的一个方面。要想延长轮胎的使用寿命，关键还在于驾驶员加强对轮胎的维护，正确地使用轮胎。图8-11所示是车辆行驶中应尽量避免的几种情况。

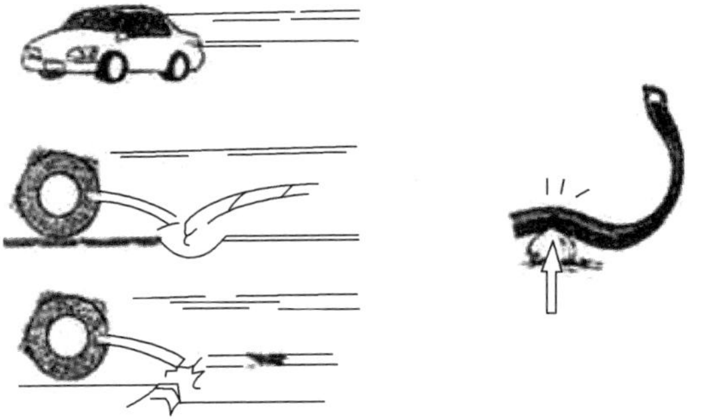

图8-11　车辆行驶中应尽量避免的几种情况

●胎侧起泡

胎侧起泡，也是轮胎最常见的故障之一。起了泡的轮胎，原则上说就不能再使用。否则，一旦高速行驶或长距离行驶以后，轮胎生热就会从起泡处爆裂，造成恶劣后果。但有时轮胎花纹还很深，只因起泡就不用又实在可惜，所以，往往引起用户与销售商之间的争执，双方各执一词。其实，轮胎起泡以后，到底是质量问题，还是使用问题，只要按科学的分析方法去鉴定，就能得出结论，这一方法不论是对经销商还是用户都是十分重要的。对于用户来讲，了解了病因，就能预防；对于经销商来讲，了解了鉴定的方法，就能维护自己的利益。

在介绍胎侧起泡的原因之前，再介绍一下胎侧的结构。轮胎的胎侧（仅指子午线轮胎而言）大多是由一至二层帘线和胎侧胶构成。造成轮胎起泡的主要原因，就是当帘线断裂时，从断裂处起泡，如图 8-12 和图 8-13 所示。

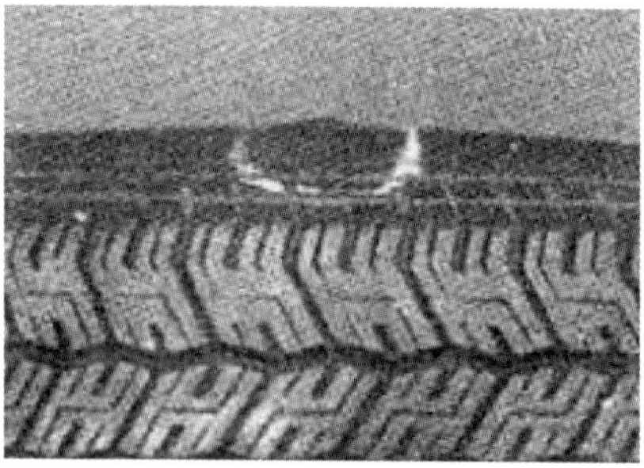

图 8-12　轮胎胎侧起泡（Ⅰ）

图 8-13　轮胎胎侧起泡（Ⅱ）

轮胎胎侧起泡一般有两种现象。一种现象是起泡处有很明显的碰撞或擦伤痕迹，一看就知道是胎侧受到了外力的影响，使内部线层断裂而起泡。另一种现象则是起泡处的外观并没有碰撞或擦伤的痕迹，这种现象有两种可能，一种是胎侧的帘布层的衔接处没有衔接好，留下了“接缝”，所以起泡，这属于先天性的，属于轮胎的质量问题；另一种是虽然起泡处的外观没有碰撞和擦伤的痕迹，但起泡的原因仍属于后天的，即属于使用原因造成的。如图 8-14 所示，起泡的外观处并没有碰撞和擦伤的痕迹（图 8-14a），但通过“解剖”，便可发现里面的线是断裂的（图 8-14b）。

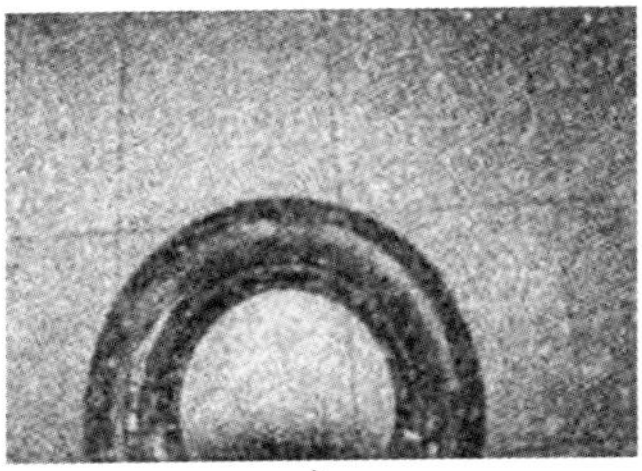

a)

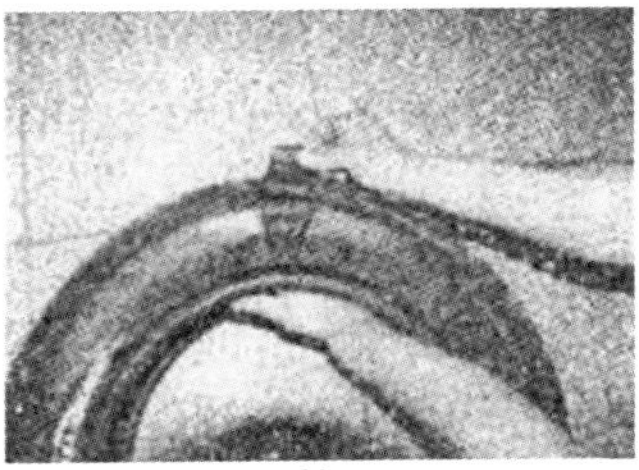

b)

图 8-14　轮胎胎侧起泡（Ⅲ）

第一种现象多是由前面讲过的马路牙等路障造成猛烈的冲击、碰撞、擦、挤等使轮胎侧部的帘线断裂而引起起泡。其现象如图 8-15 所示。

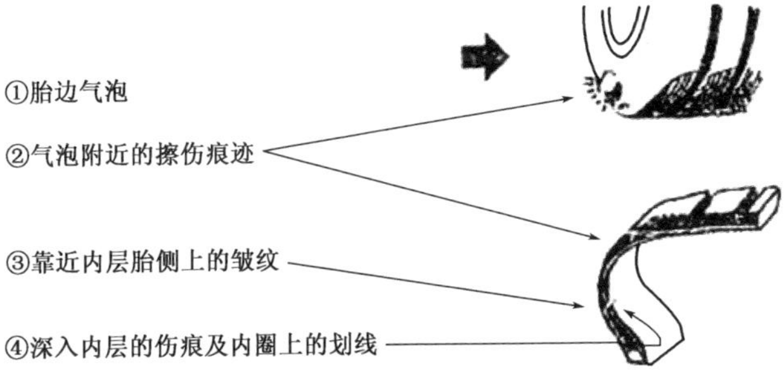

图 8-15　路障造成的轮胎内层破裂引起起泡的现象

第二种现象则较为复杂，也不容易使用户接受。造成的原因一般有下列几种：

(1)胎冠与胎侧交界的恶性撞击引起胎侧起泡,其现象如图 8-16 所示。

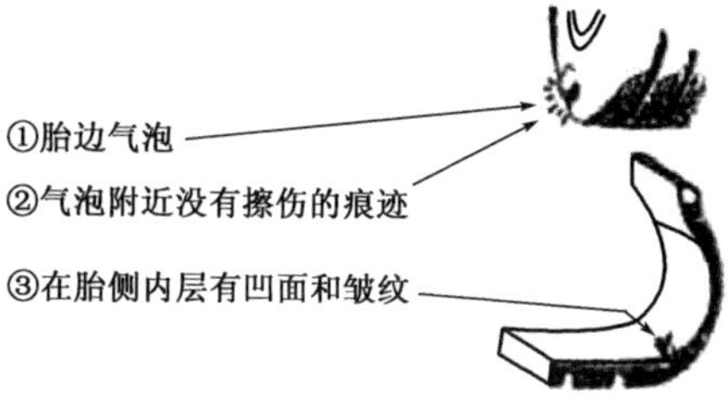

图 8-16　胎冠与胎侧交界恶性撞击引起胎侧起泡的现象

所谓胎冠与胎侧交界处的恶性撞击引起的帘线断裂而起泡,是指汽车在高速行驶时,轮胎撞在路障上所造成的。

胎冠和胎侧交界处所受到的冲击力通过相对比较硬的钢丝层传到胎侧,使胎纹处受到的力由胎侧卸掉,造成胎侧帘线断裂,从而起泡,如图 8-17 所示。

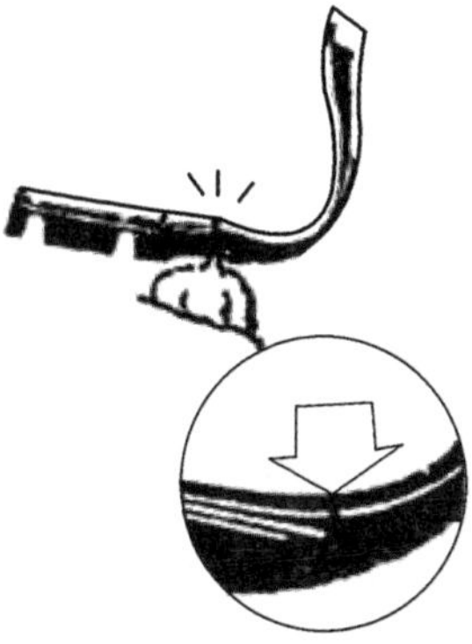

图 8-17　胎冠与胎侧交界恶性撞击引起胎侧起泡的原因

(2)由于路障,例如轮胎掉入大坑中,造成内圈破裂,从而起泡,如图 8-18 所示。

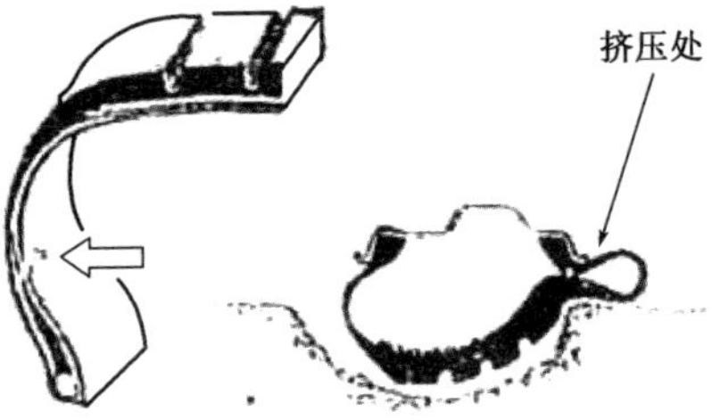

图 8-18　轮胎内圈破裂造成起泡

轮胎掉入大坑中以后,在轮胎与钢圈接合处,由于钢圈的挤压,使轮胎内圈破裂,从而导致起泡。

(3)由于强行超越障碍物或冲击较高的马路牙所致。

这种原因和上面第(2)种原因类似,也就是说,当车辆强行跨越凸起的路障时,由于路障的高度高于轮胎的半径高度,所以,虽然速度很快,但因轮胎与路障的受力点低于路障的高度,所以,造成轮圈与轮胎内层的撞击,使轮胎内层断裂。这种情况更多发生在冲击马路牙上。如果您留意一下,一定能发现这样的情况:一辆汽车直对着马路牙快速冲闯,这时,如果路牙的高度低于轮胎的半径,那么,这辆车就能上去,但如果路牙的高度高于轮胎的半径,那么,冲闯的结果则是钢圈撞击轮胎的内层,引起轮胎的内层帘线断裂,从而导致起泡。

(4)当轮胎使用一段时间以后,内层帘线也会自然出现裂纹,这种裂纹不断扩大,严重时内层全裂开,造成起泡,如图 8-19 所示。

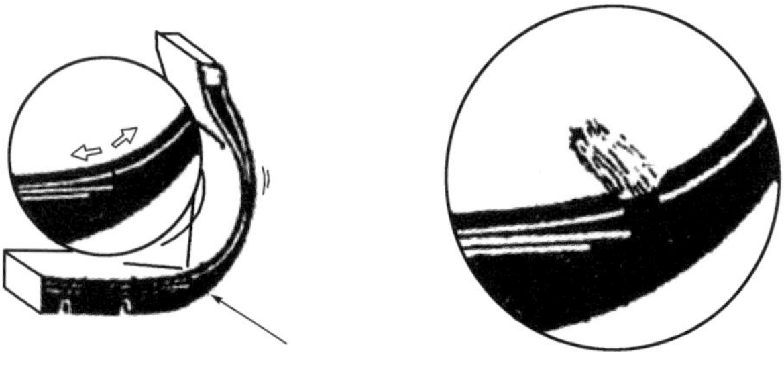

图 8-19　轮胎内层帘线自然断裂造成起泡

(5)胎口被割伤后引起胎侧起泡。

现在使用的子午线轮胎基本上全部是真空胎(无内胎轮胎),因此在使用时无需加内胎使用,而无内胎轮胎主要是靠轮胎胎口和轮圈之间的严密咬合,才能充气使用,所以轮胎胎口的完好无缺是十分重要的。轮胎胎口一旦被割伤,有时被割伤的胎口便不能再和轮圈严密咬合而报废,有时,则从被割伤的胎口处串气到胎侧,引起胎侧起泡。如图 8-20 所示。

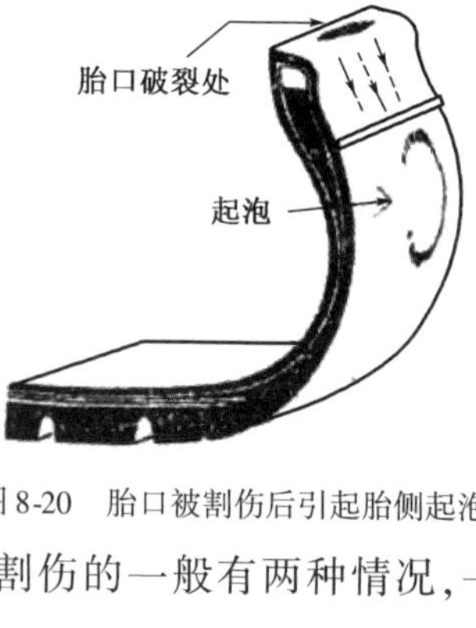

图 8-20　胎口被割伤后引起胎侧起泡

造成胎口被割伤的一般有两种情况,一是在安装轮胎时,不慎被机械所伤,这种情况较少,但如果在使用机械上胎时不在胎口处抹润滑水(肥皂水类),也容易被割伤。原始的大锤加撬棍方法上胎时,极容易撬坏胎口,所以,使用真空胎最好到有机械的地方安装,避免使用大锤加撬棍的方法。另一种情况,主要是所使用的轮圈生锈或损坏,从而破坏轮胎的胎口,所以,应当避免使用生锈和损坏的轮圈。

此外,如果车辆高速冲击如图 8-21 所示的路障时,往往会使轮胎几处帘线断裂,从而造成几处起泡(见图 8-13)。其原因也是由于胎冠传力至胎侧,造成胎侧帘线断裂。

图 8-21　固定路障

以上是轮胎起泡的部分原因,希望广大驾驶员认真加以注意,避免或尽量减少类似情况所造成的损失。

●低压行驶引起胎侧帘线断裂

轮胎的空气压力不足,就好像人的营养不良。这时的轮胎除了容易受外伤以外,还会发生帘布断裂、胎冠剥离、帘布剥离、早期磨损和偏磨损等情况,使轮胎的寿命大大缩短。

轮胎在不同气压时的外观情形如图 8-22 所示。空气压力在0.4～1.9kg/cm^{2}时的胎侧帘线受力情况如图8-23所示。

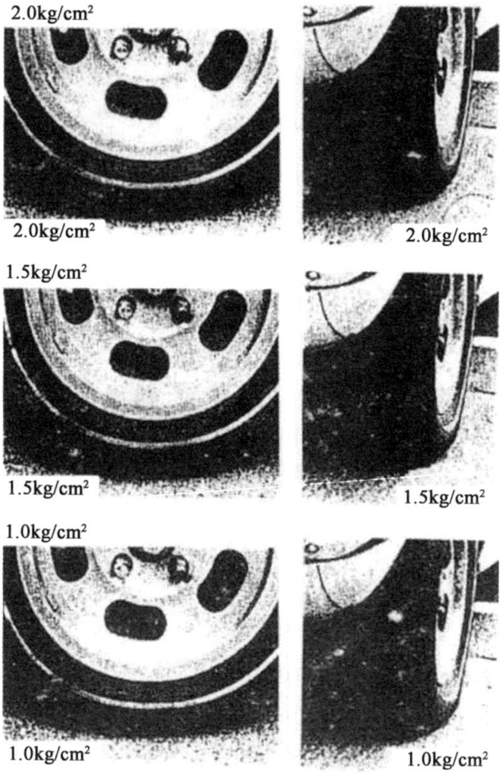

图8-22　不同气压时轮胎的外观

图8-24所示是轮胎在低压下行驶造成胎侧帘线断裂的情况。从图中可以看到,轮胎的花纹还很深,本来还可以使用很长时间,但因低压行驶,导致胎侧帘线断裂而夭折,其中的损失是十分巨大的。在日本东洋工业株式会社苫野浩幸先生的调查中,帘线断裂占全部的3.4%,也就是说,1000条

报废的轮胎中,其中就有 34 条是因为胎侧帘线断裂造成的,如此算来,全国每年因为胎的气压不足导致轮胎报废的损失是多么的惊人啊!

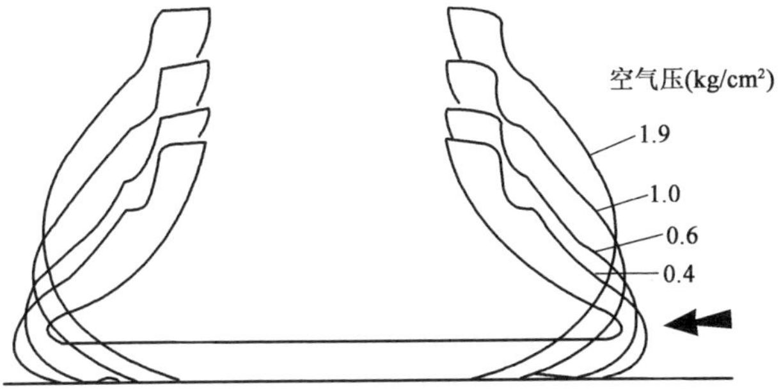

图 8-23　不同气压下胎侧帘线受力情况

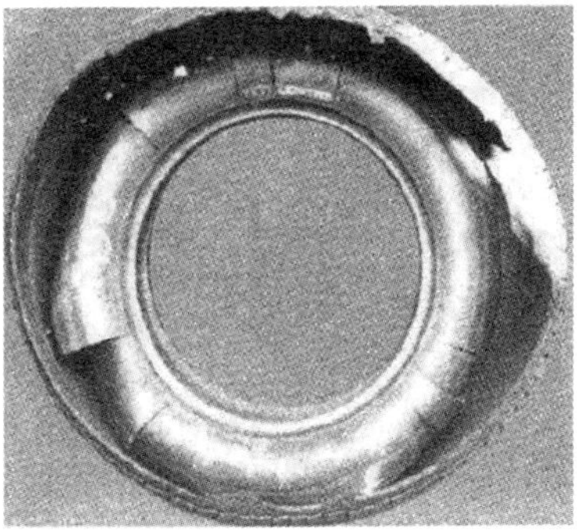

图 8-24　低压行驶导致胎侧帘线断裂

轮胎气压不足主要有两种原因:

一种原因是开始换胎时气压就没有充够,或以后长时间没有检查胎压,做适当的补充。这种情况属于轮胎的慢性自杀,常年的低压行驶,使帘线反复生热、疲劳,这就像用手折铁丝一样,大家都知道,一段铁丝只要用手反复折它,就会使它分子间产生摩擦而生热,继而断开,而胎侧因为它是由两种以上不同分子材料构成的,也就是说它是由尼龙和胶组成的,而尼龙和胶之间更容易产生分子间的障碍摩擦,所以更容易产生热量,导致断裂。一般的气压不足不会马上导致帘线断裂,但如果在高速行驶或远距离行驶时,往往因速度快导致帘线挠曲的频率加快,热量迅速上升而使帘线断裂,或因长距离行驶时,热虽持续升高,最终导致帘线断裂。这种情况在高速行驶时还往往发生前面讲过的“驻波”现象,所以是十分危险的。

轮胎气压不足时,轮胎在负荷外力的作用下反复压缩伸长,胎侧变形激烈,致使帘布疲劳、帘线挠曲、轮胎内部温度升高而导致帘布剥离和胎冠剥离。此时如果继续行驶,温度继续升高,那么进而导致帘线断裂,轮胎爆裂,其后果可想而知。

所以,行家建议,如果是高速行驶或远距离行驶,不但要使轮胎的气压正常,还要使轮胎气压提高 3 ~ 5psi(磅/平方英寸)。

造成低压行驶、帘线断裂的另一种原因主要是,汽车在行驶途中被钉子等硬物刺破而导致空气泄漏造成气压不足。

轮胎在行驶过程中被硬物刺破后也分两种情况。一种情况是刺破的洞比较小,而真空胎又具备了良好的防漏气功能,所以,空气是十分缓慢泄漏的,这就要求驾驶员养成经常检查气压的习惯,如果具有这一良好习惯,此时就能发现自己所使用的轮胎已被刺破,正在缓慢漏气,立即修补后就能避免造成损失。但如果不能及时发现轮胎被刺破进行修补充气，就会像第一种情况那样，导致帘布剥离、帘线断裂，使整条轮胎报废。

轮胎被刺破以后还有一种情况，就是硬物比较大，轮胎受伤的伤口比较大，导致空气突然流失。这时有经验的驾驶员会立即停车，进行更换，也能避免整条轮胎的报废。但如果此时不立即停车，还断续前行，那么，帘线很快就会断裂，因为，空气全部流失以后，胎侧帘线不仅仅是因为生热后才断裂，有时轮圈会直接碾压胎侧，造成胎侧断裂。图8-24所示就属于此种情况。

使驾驶员不能立即停车的因素很多，如有的路段不准停车，驾驶员原想等把车开到可停车处再行更换，但轮胎已被碾破；还有的是因为驾驶员经验不足，没能在最早的时间内发觉，致使轮胎报废；但也有一种情况是出于无奈，也是本不应该的，那就是车上没有备用胎，虽然早已知道轮胎被刺，但知道没有备用胎可换，所以，只有强行继续行驶。因为没有备用胎而造成这方面的损失是最不应该的。所以为了避免这方面的损失，每一辆车上都应有备用胎，并在出车之前检查它的胎压情况，以备不时之需。

●胎圈割裂

轮胎在往轮圈上安装的时候，是它面临的第一次危险，因为轮胎的口径是和轮圈的胎口径一样的，只有这样，轮胎才能和轮圈严密地咬合。但因轮圈的外沿直径要略大于轮胎的胎口直径，所以在安装轮胎的时候有时会将胎口撕破，使之“尚未出师身先死”，这是最令人痛心的。

造成胎口破裂最多的原因是原始的安装方法——撬棍和大锤,这种原始的安装方法往往使胎口受到不同程度的伤害。可喜的是,这种安装方法已越来越少,安装轮胎已逐步实现机械化,但机械并不是百分之百就能保证不会破坏胎口,这就需要在安装时十分小心才是。轮胎度过了第一次安装危险以后,并不是永远平安了,因为,在它今后漫长的岁月中可能经常要被刺伤,被刺伤以后就要修补,就要再次面临安装的危险。总之,胎口割伤使轮胎造成的损失是巨大的,在这里敬告驾驶员朋友,在安装轮胎的时候,最好去轮胎专卖店或有轮胎安装机的地方安装,以避免胎口受到损伤。图 8-25所示为受伤的胎口。

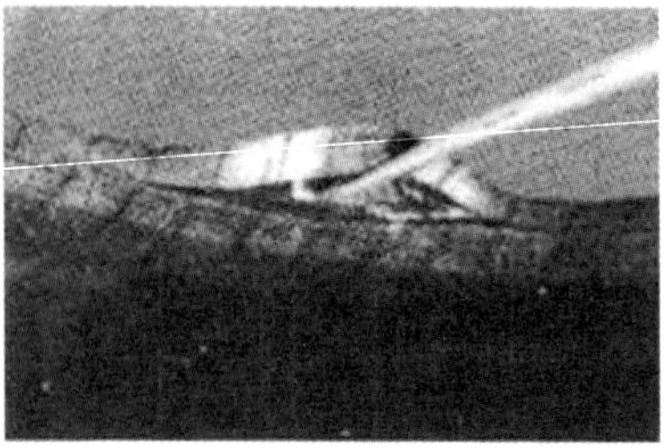

a)

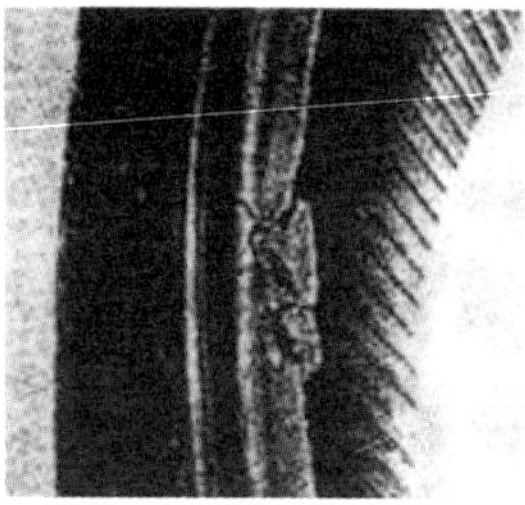

b)

图 8-25　被割伤的胎口

除了安装会使胎口受到割伤以外,与轮胎严密咬合的轮圈,如果已经生锈或残缺,也会使轮胎胎口受到伤害。特别是严重生锈的轮圈,更会使胎口受到伤害。因为轮胎安装到轮圈上以后,当往轮胎里充气的时候,胎口是要在充气的作用下,“走”一段距离以后,才到达它应到达的位置的,这时胎口所“走”的路就是在轮圈上“走”过的,所以,如果轮圈锈蚀很严重的话,就会使胎口受到伤害。这也是经常发生的情况,所以,不要使用生锈的轮圈,以减少对胎口的损害。

●胎冠割伤和胎冠剥离

轮胎的胎冠被各种锋利的硬物割伤,也是轮胎故障中最为常见的。它给轮胎造成的损害也是十分巨大的。日本东洋工业株式会社苫野浩幸先生的调查表中,胎冠割伤占了10.3%,排在了故障的第二位,其严重性可想而知。

胎冠,因为它是轮胎上唯一应该与路面接触的部位,所以它肩负的使命是最艰巨的,不论路况怎样,它都得按照驾驶员的意愿前行,正因如此,它受伤的机率也就很高。图8-26和图8-27为胎冠割伤和胎冠剥离后的轮胎。

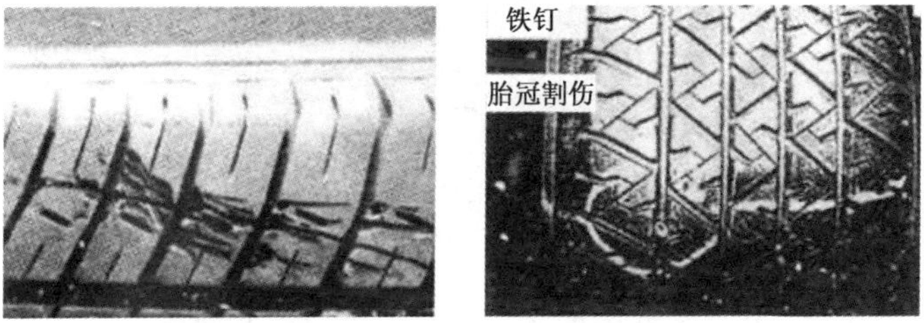

a)　　b)

图8-26　胎冠割伤

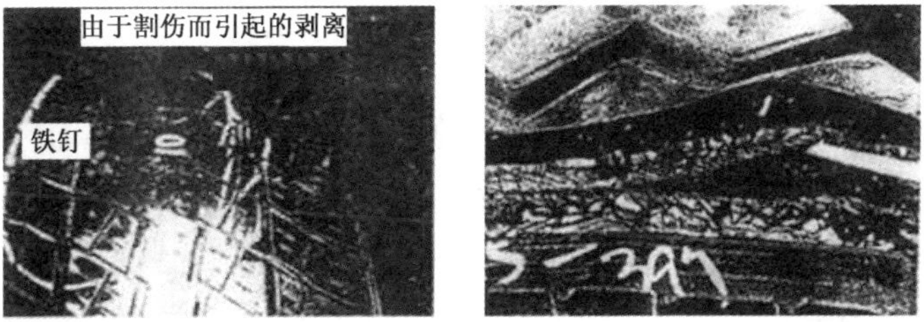

a)　　b)

图8-27　胎冠剥离

造成胎冠割伤的主要原因就是路上的障碍物,这在已铺设的路面较好些,但也经常有比如铁钉、玻璃片等东西,时时威胁着轮胎的安全。再比如前面已介绍过的单位大门口铁栅栏的地上固定物、路口处路障的固定物、马路牙下的铁架子(图8-28)上的棱棱角角等等,都在威胁着轮胎的安全。而未经铺设的路面或工地等地方,胎冠的“天敌”则更多。如碎石头、铁钉子、钢筋、角铁等各种锋利物,都能将胎冠割伤或刺伤。有时锋利物会躲过胎冠上的花纹,直接割伤胎冠的胎基,露出钢丝,导致胎冠剥离,轮胎报废。

图8-28　马路牙下的铁架子

怎样才能避免胎冠被割伤呢？到目前为止还没有什么灵丹妙法,只有靠驾驶员平时开车时多加注意,尽量避开那些地上物,在工地或碎石上行驶时,要放慢车速,择路而行。同时还要养成一种习惯:马路上的任何东西,不管它是什么,在能避开的情况下,都不要去压之,因为你并不一定都知道它是什么。

●胎纹磨平后引起爆胎

在前面介绍轮胎花纹时,已经向大家介绍过,每条轮胎上都有它的花纹磨耗标记,也就是说,当花纹磨损到指示标记时,或花纹深度已小于1.6mm时,这时轮胎就应更换,不应再继续使用。因为花纹所起的作用是综合的,是十分巨大的,它除去排水防滑以外,还具有制动、散热等功能。因此,轮胎厂家的要求是具有科学性的,应当严格按照要求去做,否则,轻者,轮胎打滑,延长制动距离,如图8-29所示;严重时,当轮胎远距离行驶或高速行驶时,轮胎里面积聚的热量散发不出去,热量积聚到一定程度以后,就会发生爆胎事故。尤其常见的还有胎纹磨平了以后,汽车在紧急制动时,多会发生爆胎事故,如图8-30所示。

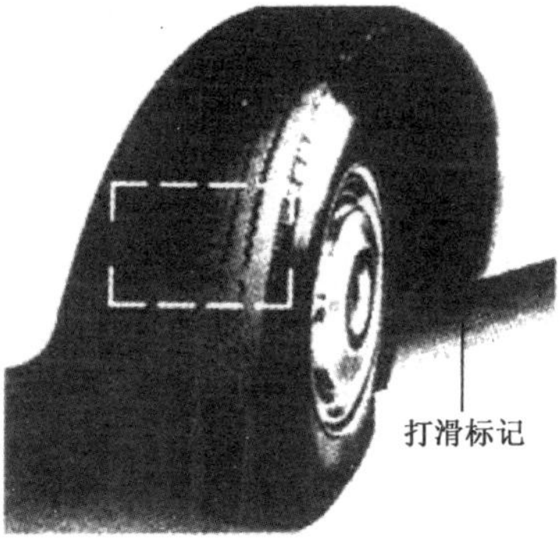

图8-29　胎纹轻度磨损易引起轮胎打滑

所以轮胎的花纹磨损到规定的标记时,应当及时更换新胎,不应继续使用,因为不论是平时的打滑,还是制动距离的延长,都是十分危险的,都将给自己和社会带来巨大危害和损失。而一旦发生爆胎事故,其损失则更为巨大,因为爆胎往往引起翻车或车辆失去控制后在路上打横,其严重后果不言自明。

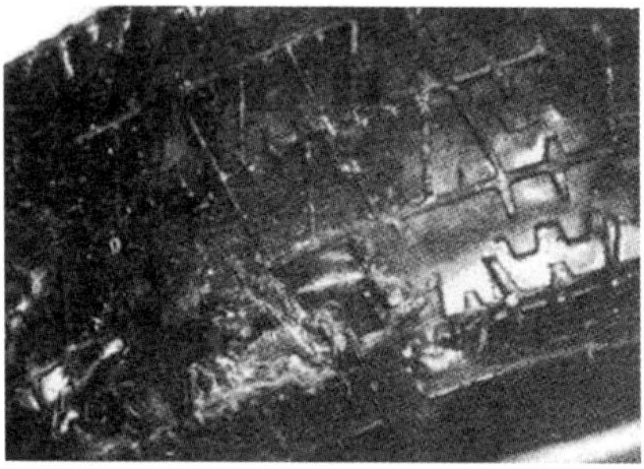

图 8-30　胎纹磨平后,极易引起爆胎事故

在此可以算一笔账,比如说,轮胎磨耗到标记以后,再继续使用 5000km,每条新胎的合理寿命按 60000km 计,那么,只有使用到 12 条旧胎时才能省下一条新胎。假设每条轮胎按每年行驶 30000km 计,那么,一条新胎可以使用 2 年,也就是说用 2 年的危险时间(12 条旧胎的累计时间)才能换回一条新胎的价值,是多么的不值得呀。如果每条新胎的价值按 400 元计,也就是说,用 2 年的危险时间换回的只是一顿饭或三条香烟或一瓶茅台酒。您说值得吗?

●胎圈磨损

有的轮胎的胎圈和胎侧大面积磨损,如图 8-31 所示。

这种磨损分为轮胎的内侧磨损和外侧磨损。

轮胎的外侧磨损一般主要还是由路障所造成,如:停车时擦上了马路牙，过较窄的路障时与障碍物的接触等，造成胎侧的大面积磨损和擦伤。磨损严重时，就会挤断胎侧的线层，造成前面介绍过的起泡或割伤；轻度磨损时，则在胎侧留下大面积的橡胶擦痕，严重影响轮胎的使用寿命。

图 8-31　胎圈和胎侧大面积磨损的轮胎

轮胎的内侧磨损主要是因为胎肿造成的，这主要发生在轮胎被矮形化和加宽以后，比如，将原来车上使用的 185/70R13 型轮胎，改用 205/60R14 型轮胎，虽然它们之间从尺寸的互换性来讲是可以的，但并不一定能保证胎侧内部合适（比如在拐弯时拉杆头是否碰胎侧等），所以，在换用较宽的轮胎时，一定要检查轮胎的内侧，看它是否合适，一旦发现轮胎内侧与车体或车体的某个部位相碰，就不能使用，否则就会损坏轮胎。在检查时应当把转向盘打满后再检查。

轮胎的胎侧一旦被磨损，虽然从表面看并不影响使用，但它就像一个带病工作的病人一样，一旦工作紧张或劳累时，就可能带来严重后果。因为轮胎的胎侧主要就是由帘布和胶构成的，二者的完好结合，便承担起了它们应承担的责任。但正如前面介绍过的一样，帘布如果断裂，胶就不能独立承担起责任，胎侧就要起泡；而胎侧胶如果被磨损以后，帘布也不能独立承担起义务。在高速行驶时，胎温会迅速升高，当温度达到 120℃ ~125℃时，轮胎就达到了它损坏的临界状态，这时如果胎侧胶已受损，无疑它就会“牺牲”在临界状态线以内。另外，当轮胎远距离或高速行驶时，整个轮胎都已达到了它的疲劳界限，这时，即使是小小的一颗石子被轮胎压上，都可能因为应力瞬间集中在了这一点上而引起爆胎，而如果此时轮胎已经有伤，那么，就更会加速轮胎的爆裂。

所以，一定要避免轮胎因胎肿等原因造成胎侧磨损。一方面在换胎时要提前检查，杜绝那种带着隐患的轮胎上车，另一方面要在平时开车时多加注意，保护好胎侧，避免受到类似的伤害。而一旦您的轮胎已经出现了这种情况该怎么办呢？这时应检查一下轮胎受伤的程度，如果受伤的程度很严重，就要下定决心换掉；如果受伤的程度不是很严重，那么可以把它放在后轮使用，或用作备用胎，千万不要用于前轮。此外，作为驾驶员来讲，对于自己车上使用的轮胎要随时检查，做到心中有数，如果有受伤的轮胎在车上使用，那么，在行车时就要心中有数，不能盲目地高速行驶，否则，可能会带来恶劣后果。

●轮胎单边磨损

轮胎单边磨损，主要是因为车轮外倾角不正确。

如图 8-32 所示，当轮胎的外缘，即轮胎的外侧胎肩磨损时，是因为车轮外倾角太大；当轮胎的内缘，即内侧胎肩磨损时，则是因为车轮外倾角太小。车轮外倾角太大或太小，不但使轮胎单边磨损，而且也会导致悬挂部件产生磨损。如果左右车轮外倾角不相等，车辆直行时就会向外倾角大的车轮那边跑偏，使驾驶操作很不舒服。

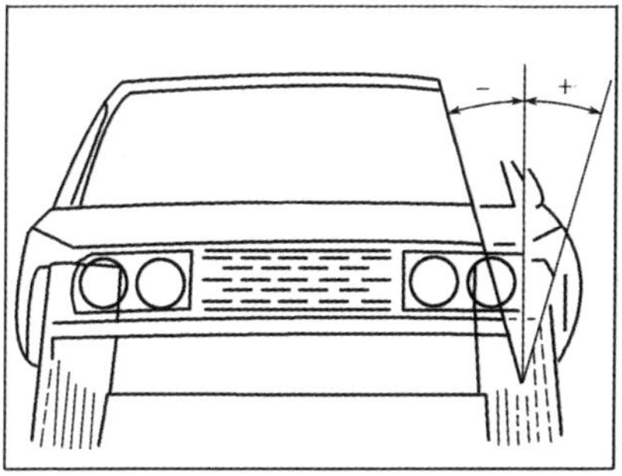

图8-32　车轮的外倾角示意图

图8-33所示为单边磨损的轮胎。从图中可以看出，轮胎的花纹一边还很深，而一边已被磨平，本来轮胎还能用很长时间，但因为单边磨损，使轮胎无法再用，提前报废，这损失是十分巨大的。

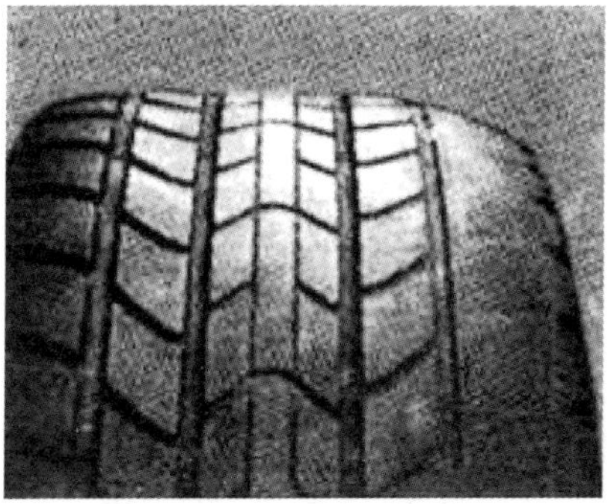

图8-33　单边磨损的轮胎

作为一名优秀的驾驶员,完全可以把损失消灭在萌芽之中,也就是说,当发现车辆跑偏的时候,就应当及时去调整,而勿使它发展到“吃胎”(轮胎单边磨损的俗称)时再修,但“亡羊补牢未为晚矣”,一旦发现自己的车子“吃胎”时,就应当立即去修理。修理的方法主要是要做四轮定位,通过四轮定位仪器测出正确的角度,然后调整到合适的角度。

对驾驶员来讲,只要勤于检查,及时发现,及时调整,就能避免因轮胎单边磨损而造成的损失。

●轮胎双边磨损

轮胎双边磨损的主要原因是轮胎的气压不足,长期低压行驶,致使轮胎只有两侧的胎肩着地,从而导致双边胎肩磨损,如图 8-34 所示。

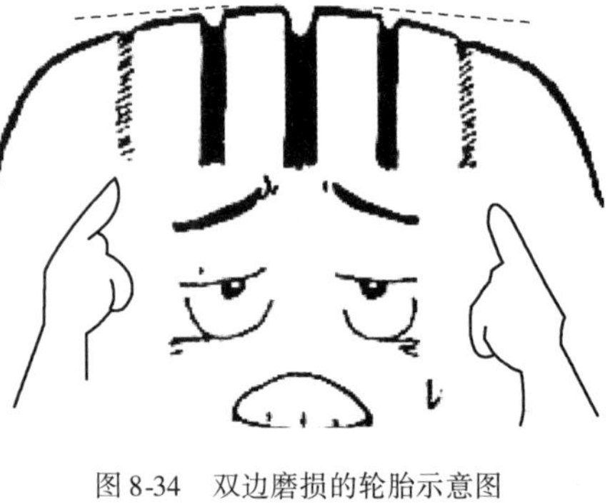

图 8-34　双边磨损的轮胎示意图

图 8-35 是气压不足时轮胎的受力情况。从图中可以明显地看出,胎冠的中间部位受力很少,主要靠两侧的胎肩着地,所以两侧胎肩很快磨平,而胎冠的中间部分却因受力很小,花纹还很深。

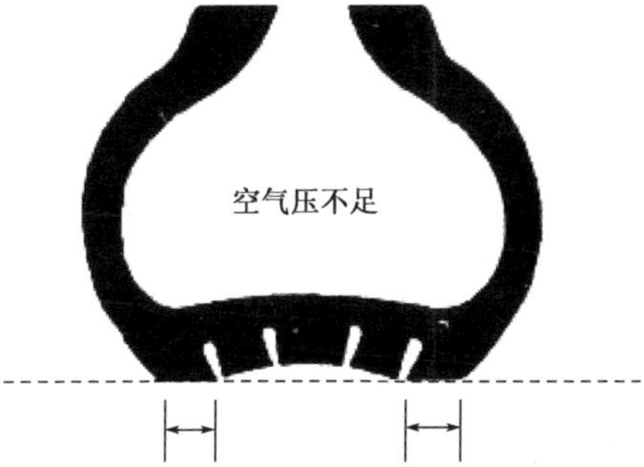

图 8-35 气压不足时轮胎的受力情况

一条轮胎如果胎冠应受力部分全部受力,那么它接触地面的面积是最大的,当胎冠以最大的面积接触地面时,胎冠所受到的摩擦力是最小的,所以,胎冠的磨损才是最慢的,胎冠的寿命才会最长。如果简单地把胎冠(胎面)分为五份,两边的胎肩加在一起也才只能占 2/5,如果用简单的方法来算的话,也可以理解为气压不足时轮胎的寿命要缩短 3/5。因此,可以看出,因气压不足给人们带来的经济损失也是十分巨大的。作为一名合格的驾驶员,要经常检查轮胎的气压,发现气压不足时就要及时补充,避免发生双肩磨损的现象。

此外,造成轮胎双肩磨损的也有另外一些原因,如车轮和轮胎偏心或弯曲、轴承和转向主销松动等,也会造成不同程度的双肩磨损,这时,应当及时去做四轮定位或到修理厂检修。

●轮胎中间磨损

轮胎中间磨损,如图 8-36 所示,也是令人十分心痛的事情,好好的一条轮胎,两侧的花纹几乎还没有被磨过,可是胎冠中间部位却已被磨平,不能继续使用,造成经济损失。有很多驾驶员感到莫明其妙,轮胎的中间怎么会被磨平呢?不论怎么转弯,不论怎么急刹车,也不论在什么样的路面行驶,也应当是轮胎的两边被磨损,而不应是轮胎的中间被磨损。其实,胎冠中间磨损的主要原因还是因为气压,但不是因为气压不足,而是因为气压过足所致。

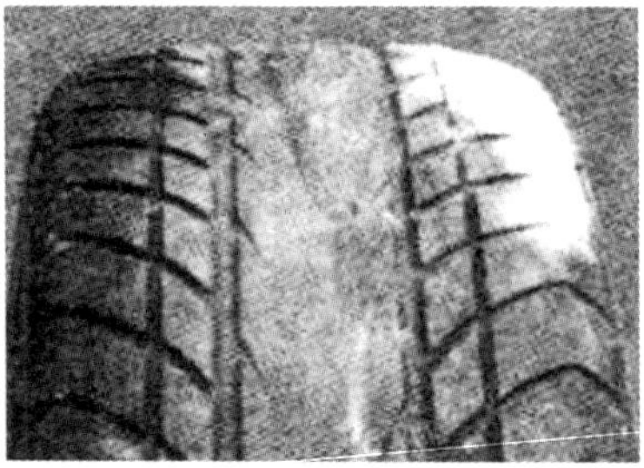

图 8-36　中间磨损的轮胎

如图 8-37 所示轮胎的气压过足,会使胎冠的中间部分凸出,因此提前接触地面,这就像木匠用刨子刨木头一样,凸出的部分肯定要刨去。轮胎也一样,当轮胎充气过多时,胎冠中间部位就会凸出(行话也叫尖顶)。当轮胎在行驶时,首先是胎冠的凸出部位与地面接触,受力最大,因此磨损最快,这样,当轮胎的胎肩部分尚未磨损时,轮胎胎冠的中间部位已被磨平,造成轮胎的极大损失。

此外,如果车轮胎配装的轮辋过窄,也会造成胎冠的中间部分磨损。

图 8-38 是轮胎与轮辋的装配示意图,图中的轮胎配装的标准轮辋是 6J,允许使用 $5\frac{1}{2}$J,那么,轮辋就不会影响轮

胎的胎冠。但是,如果使用了5J的轮辋,也就是说,使用了超出轮胎设计允许使用范围的轮辋,那么,因为轮辋太窄,胎圈就要内收,从而带动胎冠两侧的胎肩提升,因此使胎冠的中间部位凸出,所以也会造成胎冠中间部位提前磨损。

图8-37　气压过足导致轮胎中间磨损

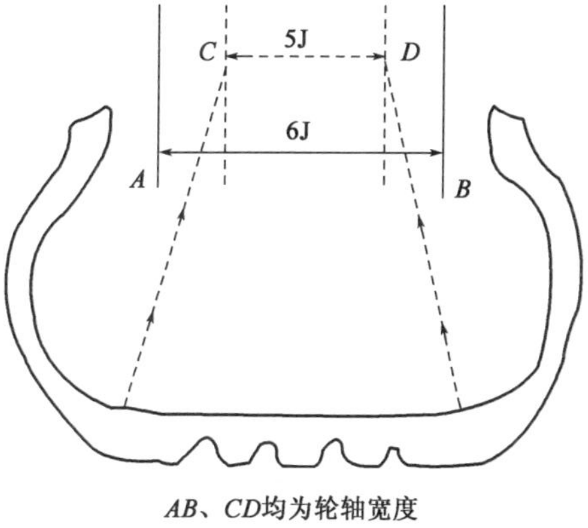

图8-38　轮胎装配示意图

另外,超载也会造成轮胎胎冠的中间部位提前磨损。

所以为了避免胎冠中间部位的磨损,要经常检查轮胎的气压,不使轮胎长期在过高的胎压下工作,避免使用过窄的轮辋,避免严重超载。

●轮胎胎面块状磨损

轮胎胎面上的块状磨损不是很多,但也正是因为遇到这种情况不是很多,所以,才经常使有些驾驶员感到困惑不解。其实轮胎胎面上的块状磨损,如图 8-39 所示,主要是因为轮胎的静态不平衡和后轮前束不良。只要将轮胎做一下平衡并做一下四轮定位或调整一下后轮前束即可解决它的毛病。但轮胎发生块状磨损时,不太容易被发现,这样就给行驶埋下了隐患,所以,驾驶员应当了解轮胎有这方面的故障,在检查轮胎状况时,特别留意一下这方面的故障。一旦发现要及时解决,并在今后的行车中,对于自己的轮胎做到心中有数,避免不必要的损失和危险。

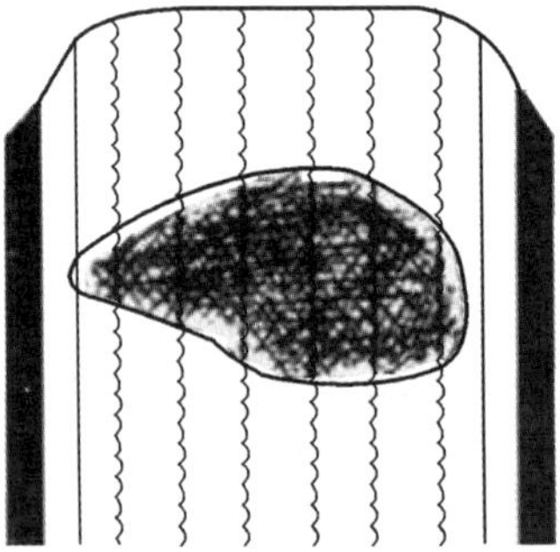

图 8-39　胎面块状磨损

●胎面上小部分快速磨损

我们经常能够听到一种既熟悉又刺耳的声音，那就是汽车的制动声或起步声。我们也经常能够看到很好的一条轮胎的胎面上有一小部分被磨平了，那么这一小部分是怎样被磨平的呢？相信您也知道了，那就是那种刺耳的声音造成的，如图8-40所示。

图8-40　紧急制动或快速起步造成轮胎局部磨损

紧急制动和快速起步造成轮胎胎面的局部快速磨损，给轮胎带来的危害是十分严重的。一条轮胎到不到它的“退休年龄”不是以它的平均花纹为依据的，而是以胎面部分损害最严重的部分为依据的。也就是说，一条轮胎即使其部分花纹还很新，但只要有一处已被磨损到一定程度，那么，原则上讲，这条轮胎就应当换掉而不能继续使用。如前所述，轮胎在远距离或高速度行驶时，胎温会急剧升高，使轮胎处于破坏的临界状态，这时轮胎如有受伤的地方，那么受伤的地方就可能是轮胎爆炸的突破口；其次，由于轮胎已处于临界状态，此时，哪怕是小小的石子或凹坑都会令轮胎从受伤处爆炸；此外，因为轮胎在制动的瞬间，轮胎内的空间会变小，使气压瞬间升高，这时也往往会使轮胎从受伤处爆炸。所以，即使轮胎的花纹还很深，但只要有一处已被磨损到了一定程度，就应更换。

只是简单的一脚“刹车”，原则上来讲就报废了一条轮胎，是多么的不应该呀！

紧急制动有两种情况，一种情况是可以避免的，那就是在没有什么意外情况下的紧急制动。这种情况主要因为驾驶员一是对于停车没有预见性，二是出于一种不健康的心态。当然与他们不了解紧急制动对轮胎的危害也有关。所以，希望广大驾驶员在了解了紧急制动对轮胎造成的危害以后，在今后的驾驶生涯中尽量避免急“刹车”。

另一种情况是当遇到意外情况时的紧急制动，比如，行人的突然出现、骑车人的强行猛拐、同行的无理并线等。这些情况下的急“刹车”不可避免，但却可以减轻，那就是在平时开车时，应当养成一种中速行驶、安全礼让的良好习惯，这样既可减少紧急制动的次数，也能减轻紧急制动的程度。

与紧急制动相比较，更不应该发生的就是快速起步。我们经常见到一些开跑车或年轻的朋友，在开车起步时，用力加油，使轮胎发生空转，与地面发生摩擦，这都会给轮胎带来危害，应当尽量避免。

有时的急“刹车”或快速起步给轮胎造成的危害可能不是很大，比如，只是把胎面磨平了一块，但还没有到达应该更换的标记，可是被磨平的一块就会像无法恢复的“平点”一样,在你行驶当中因轮胎面不平,造成轮胎“咯噔、咯噔”的响声,并影响车辆的乘坐舒适性。当然,如果运气不好,正好被磨损的地方遇上了尖硬物,那么,轮胎被刺破的可能性会更大些。

所以,作为一名优秀的驾驶员,应当尽力避免紧急制动,杜绝快速起步。

●半面轮胎快速磨损

一条轮胎的一半磨损较快,而另一半磨损较慢,这一现象,叫作轮胎的半面磨损。

轮胎的半面磨损现象不是很多,但它对轮胎的损害也是巨大的。它不但使轮胎提前报废,造成经济损失,而且,因为半面磨损,破坏了轮胎原有的特性——圆,因此,行车时十分不舒服。

那么,是什么原因造成轮胎半面磨损的呢?这一现象也困惑了很多驾驶员,有的驾驶员甚至怀疑轮胎的质量是否有问题等。其实,造成轮胎半面磨损的原因主要有以下两点:一是轮胎和车轮偏心;二是轮毂和轴偏心或弯曲。因此,当您一旦发现自己的轮胎发生半面磨损时,要及时到修理厂进行调整,以免造成更大的损失。

●轮胎多边形磨损

轮胎的多边形磨损也是轮胎常发生的故障之一,如图8-41所示。轮胎一旦发生了多边形磨损,就像车辆行驶在碎石子路面上一样,不停地颠簸和跳动,令驾驶者和乘坐者感到十分的不舒服。

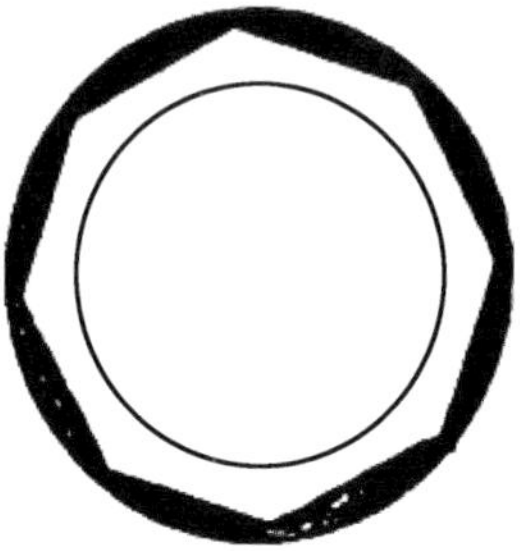

图 8-41　轮胎多边形磨损示意图

轮胎多边形磨损的原因主要是车辆上的其他部件造成的，只要调整或更换一下零件，也就可以“治”好了。主要原因有以下三点：车轮和轮胎偏心或弯曲；轮毂和轴偏心或弯曲；轴承和转向主销松动。

●轮胎的胎体变形

有的轮胎使用一段时间以后，胎面会变形，整个轮胎从外观看就像被“拧”过一样，如图 8-42所示。这种情况很少是因为轮胎的质量问题，如钢带层箍的不紧、胎面胶和带束层或钢带层的黏接不牢等原因造成的。造成这种情况的主要原因是轮胎在低压情况下远距离高速行驶，使胎肩产生热量，致使胎冠剥离，胎冠剥离以后，当轮胎在急转弯和遇到凹凸路面或者冲击硬物时，就会导致带

图 8-42　轮胎的胎体变形

束层或钢带层的错位，造成胎体变形。有时，胎肩受力过猛（如侧身冲撞马路牙）也会造成因带束层或钢带层的错位而变形。

轮胎的胎体变形以后，虽然从外观看轮胎并没有破裂，但不论是从舒适性还是从安全性角度来讲都不应该再继续使用。因为胎体变形以后，实际上轮胎的内部结构已被破坏，如同一个人受了内伤，从外表看并没有见到血，但实际上已十分严重。使用这种变形的轮胎极容易发生事故，所以应当立即更换。

●轮胎凸凹波状磨损

轮胎的凸凹波状磨损如图 8-43 所示，虽不经常发生，但它也是轮胎的故障之一。正因为它并不经常发生，所以，很多驾驶员也不了解它的病因。

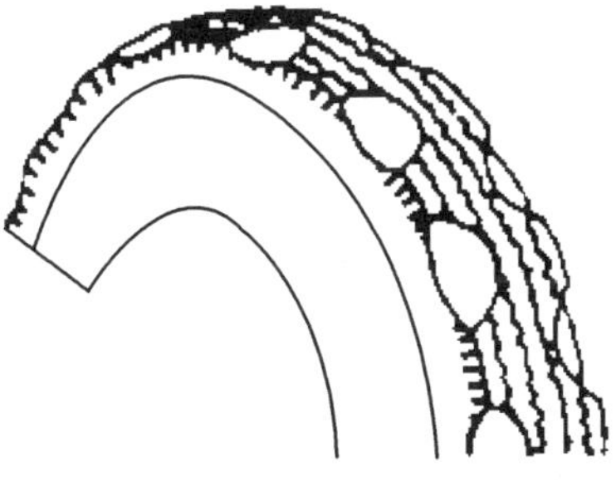

图 8-43　轮胎凸凹波状磨损示意图

轮胎发生凸凹波状磨损主要是轮胎的动态不平衡和后轮前束不良造成的。只要把轮胎平衡一下并去做一下四轮定位和调整，便可消除此种故障。

●轮胎的“平点”

在冬天的早晨汽车刚刚开动时，有时会感到轻微的颤动，这是使用尼龙帘线作为胎体的轮胎所引起的现象。尼龙对热度的稳定性较差，当冬天气温太低时，尼龙会失去柔软性，长时间在低温环境里停车就会使轮胎的骨架——尼龙帘线的接地部分变形，形成“平点”，如图8-44所示。

图8-44　轮胎的“平点”

还有一种情况也会造成“平点”现象。那就是在长距离高速行驶的情况下停车，当轮胎的温度下降时，轮胎和地面的接触部分变平。

轮胎发生“平点”以后，极容易产生偏磨损现象，因此，应当尽量避免。有的车如果长时间不用，最好使轮胎离开地面，以免发生“平点”现象。

●轮胎的质量原因

以上给大家介绍了部分轮胎的常见故障，此外，还有些故障属于轮胎的质量问题。如：胎基漏气(胎冠的沟槽部分橡胶裂口,迸出钢丝并漏气)；胎侧部裂开不规则的小口子；制动时(正常行驶时)胎面胶大块大块地掉下来(此种情况一是轮胎的老化,一是胎面胶的配方不科学,常言说的“胶太脆”)；胎侧部自然脱皮；胎肩部与胎冠部结合部分自然脱裂等,都属于轮胎的质量问题。任何厂家的产品都会有百分之几或万分之几的次品率,这并不影响厂家的信誉,因此,希望轮胎经销商或厂家在遇到对轮胎质量有质疑的客户时,要热情地接待,并按规定进行更换。

9　轮胎的正确使用与维护

●保持正常的内压

空气是轮胎的粮食。汽车可以说是在空气上行走的，因此，适当的内压，就是轮胎生命。

空气压力过高或不足都会使轮胎失去正常的变形，从而大大降低轮胎的寿命。有些驾驶员认为空气压力高能够增加轮胎的承载能力，对轮胎有好处，其实不然。空气压力过高的轮胎，就好比高血压的患者，极容易出现问题。首先，因为空气压过高，帘布层经常保持紧张，这时轮胎极容易受外伤，这就像吹得过饱的气球一样，比吹得恰到好处的气球肯定更容易被刺破。当气压过高的轮胎冲击路面的石子或经过凹凸不平的路面时，就会因为应力的瞬间集中而发生爆裂，如图9-1所示。

图9-1　气压过高轮胎容易爆裂

其次,空气压力过高会引起轮胎的中央磨损,从而缩短轮胎的寿命,如图 9-2 所示。

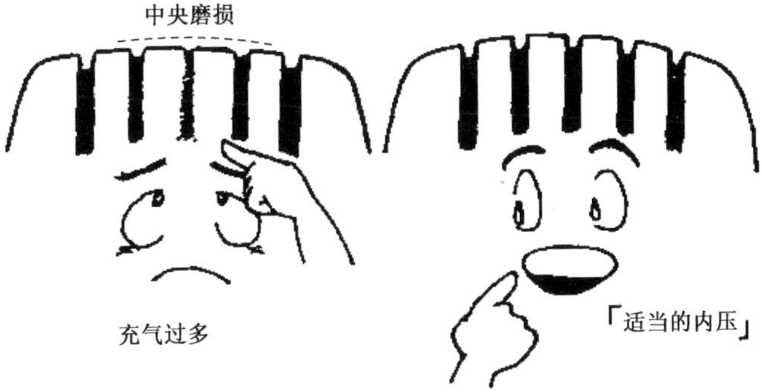

图 9-2　气压过高导致轮胎中央磨损

轮胎的空气压不足,就好像一个人营养不良,这时除了胎侧外凸和离地更近从而极易受伤以外,还会因轮胎的变形剧烈,内部温度迅速升高,致使胎冠剥离;帘线的挠曲,致使胎侧升温,以至于帘布剥离甚至破裂,如图 9-3 所示。

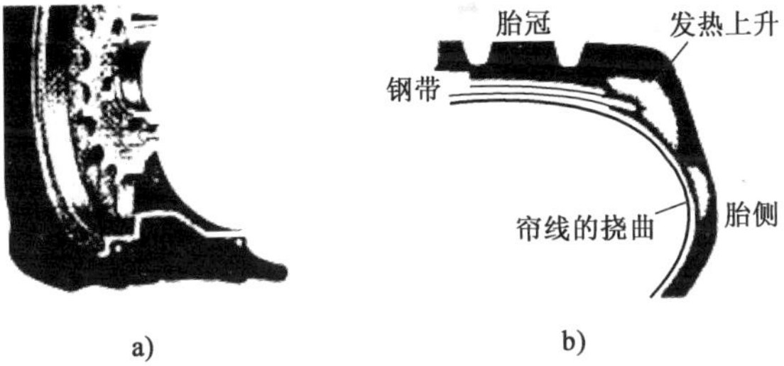

图 9-3　气压不足导致胎侧外凸帘线挠曲

空气压不足除了发生上述损伤以外,还会使胎肩发生磨损,缩短轮胎的使用寿命。

此外,轮胎气压不足也是发生“驻波”的最主要原因(在前面已经讲过),所以,请驾驶员朋友千万不要小看了气压,一定要做到经常检查气压,每月最少一次,并做到每次在长途行车前都要检查气压。测量轮胎气压时应注意以下两点:

第一,检查气压应在汽车行驶之前而不能在汽车行驶后,这是因为汽车行驶以后,轮胎的空气会因为热而发生膨胀,使气压上升10% ~20% ,所以这时测定的气压是不准确的,如图9-4所示。

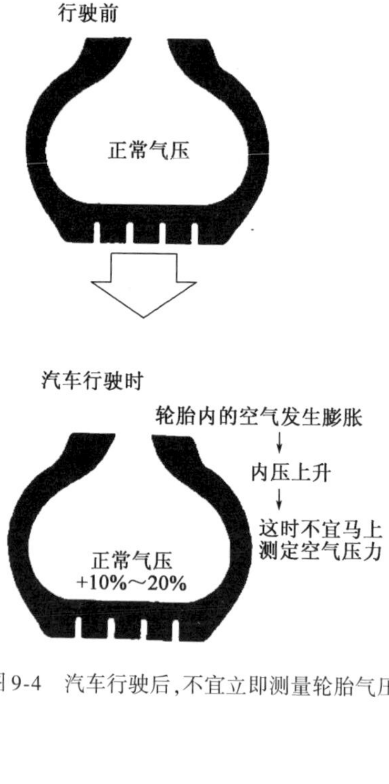

图9-4　汽车行驶后,不宜立即测量轮胎气压

第二,热胎不能马上充气或放气。热胎的空气温度很高,胎内部的热量是均匀地逐渐升高的,这时如果往胎里充气(是凉的),就会使胎内部的某个部位温度突然降低,因而会损坏轮胎内部结构的性能,这就好比一根烧红的铁棍,一端用凉水浇凉,一端让它自己变凉,这时,这根铁棍的性能就不一样了。热胎放气,也会使轮胎因为突然收缩等因素而破坏轮胎的性能,所以,不要在热胎时充气或放气。

空气压力对轮胎寿命的影响如图 9-5 所示。

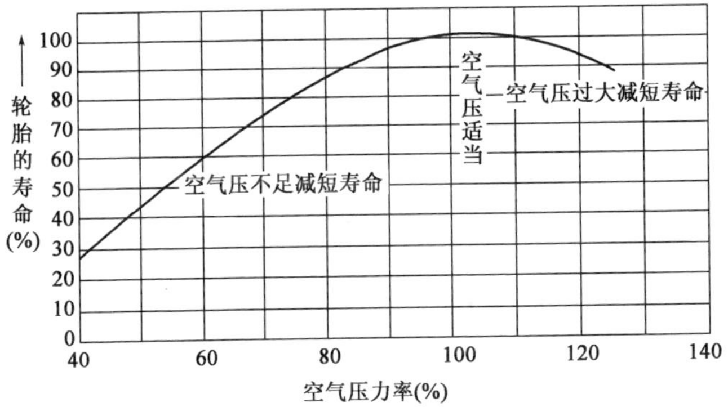

图 9-5 空气压力对轮胎寿命的影响

不同轮胎上的气压表示方法也不相同,采用的单位主要有:千克力每平方厘米(kgf/cm^2)、磅力每平方英寸(lbf/in^2)、千帕[斯卡](kPa)和巴(bar)。以上四种压力单位的换算见表 9-1。

四种气压单位的对照 表 9-1

kgf/cm^2	lbf/in^2	kPa	bar	kgf/cm^2	lbf/in^2	kPa	bar
0.1	1	10	0.1	2.4	34	240	2.4
0.2	3	20	0.2	2.5	36	250	2.5
0.3	4	30	0.3	2.6	37	250	2.5
0.4	6	40	0.4	2.7	38	260	2.6
0.5	7	50	0.5	2.8	39	270	2.7
0.6	9	60	0.6	2.9	41	280	2.8
0.7	10	70	0.7	3.0	43	290	2.9
0.8	11	80	0.8	3.1	44	300	3.0
0.9	13	90	0.9	3.2	45	310	3.1
1.0	14	100	1.0	3.3	47	320	3.2
1.1	16	110	1.1	3.4	48	330	3.3
1.2	17	120	1.2	3.5	50	340	3.4
1.3	18	130	1.3	3.6	51	350	3.5
1.4	20	140	1.4	3.7	53	360	3.6
1.5	21	150	1.5	3.8	54	370	3.7
1.6	23	160	1.6	3.9	55	380	3.8
1.7	24	170	1.7	4.0	57	390	3.9
1.8	26	180	1.8	4.1	58	400	4.0
1.9	27	190	1.9	4.2	60	410	4.1
2.0	28	200	2.0	4.3	61	420	4.2
2.1	30	210	2.1	4.4	62	430	4.3
2.2	31	220	2.2	4.5	64	440	4.4
2.3	33	230	2.3	4.6	65	450	4.5

续上表

kgf/cm²	lbf/in²	kPa	bar	kgf/cm²	lbf/in²	kPa	bar
4.7	67	460	4.6	7.0	99	690	6.9
4.8	68	470	4.7	7.1	101	700	7.0
4.9	70	480	4.8	7.2	102	710	7.1
5.0	71	490	4.9	7.3	104	720	7.2
5.1	72	500	5.0	7.4	105	730	7.3
5.2	74	510	5.1	7.5	107	740	7.4
5.3	75	520	5.2	7.6	108	750	7.5
5.4	77	530	5.3	7.7	110	760	7.6
5.5	78	540	5.4	7.8	111	760	7.6
5.6	80	550	5.5	7.9	112	770	7.7
5.7	81	560	5.6	8.0	114	780	7.8
5.8	82	570	5.7	8.1	115	790	7.9
5.9	84	580	5.8	8.2	116	800	8.0
6.0	85	590	5.9	8.3	118	810	8.1
6.1	87	600	6.0	8.4	119	820	8.2
6.2	88	610	6.1	8.5	121	830	8.3
6.3	89	620	6.2	8.6	122	840	8.4
6.4	91	630	6.3	8.7	124	850	8.5
6.5	92	640	6.4	8.8	125	860	8.6
6.6	94	650	6.5	8.9	126	870	8.7
6.7	95	660	6.6	9.0	128	880	8.8
6.8	97	670	6.7	9.1	129	890	8.9
6.9	98	680	6.8	9.2	131	900	9.0

续上表

kgf/cm²	lbf/in²	kPa	bar	kgf/cm²	lbf/in²	kPa	bar
9.3	132	910	9.1	9.7	138	950	9.5
9.4	133	920	9.2	9.8	139	960	9.6
9.5	135	930	9.3	9.9	141	970	9.7
9.6	136	940	9.4	10.0	142	980	9.8

●定期更换轮胎的安装位置

定期更换轮胎的安装位置,是为了使每一条轮胎都能均衡地磨损,从而达到延长轮胎使用寿命的目的。

轮胎的磨损条件是跟轮胎的安装位置有直接关系的。一般情况下,对于前胎,胎肩的磨损要快于胎心,这是因为前轮经常要转动以改变汽车的行驶方向,所以胎肩更容易磨损。而对于后胎,胎心的磨损则要大于胎肩。此外,前轮驱动的车种,其前轮轮胎的磨损几乎是后轮轮胎的2倍。而后轮驱动的车种,其后轮的磨损也比前轮要快很多。图9-6是日本一家公司所做的轮胎磨损实验结果,从图中可以清楚地看到转向轮和驱动轮磨损状态。

为了将不规则不均衡的磨损现象改变,使每个轮胎都能均衡地磨损,以延长轮胎的使用寿命,没有比更换轮胎的安装位置更好的方法,因此行家建议,当汽车行驶到5000~10000km时,要进行一次轮胎换位。

轮胎安装位置的更换受轮胎花纹及驱动种类的限制。

此外,图9-7所示的三种轮胎换位方式,也可供驾驶员选择。

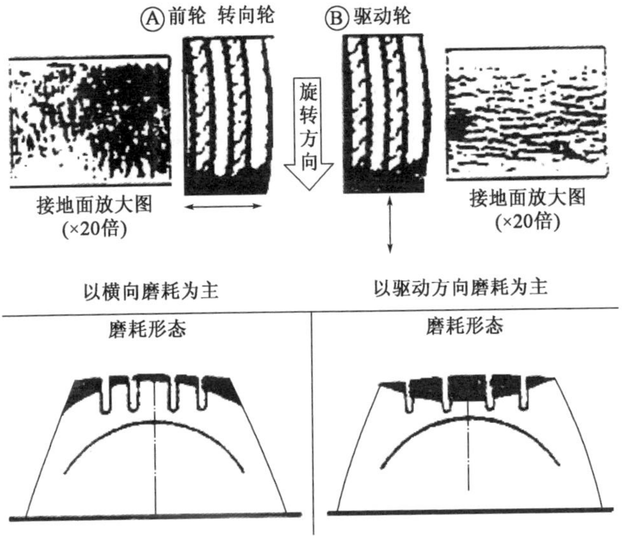

图 9-6　转向轮和驱动轮的磨损状态

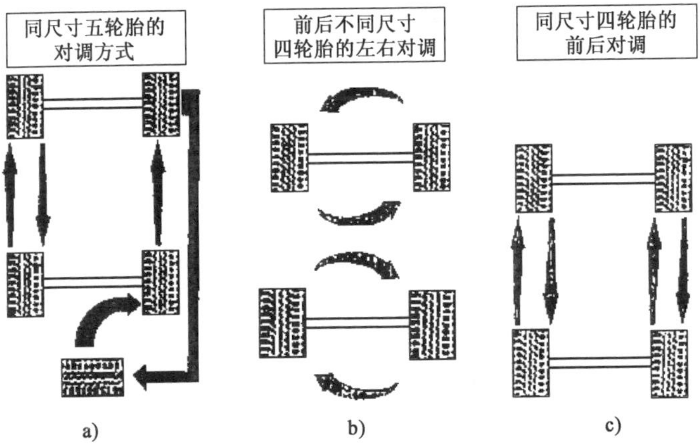

图 9-7　可供选择的三种轮胎换位方式

●按规定载质量装载

前面已经介绍过，每一条轮胎上都有它的最大载质量，这个载重指标是轮胎厂家严格按照有关规定设定的，因此，在使用轮胎时，首先要明白它的最大载质量是多少，然后严格按照规定的载质量使用。轮胎一旦超载，同样也会发生与空气压力不足时相同的损伤，如图 9-8 所示。

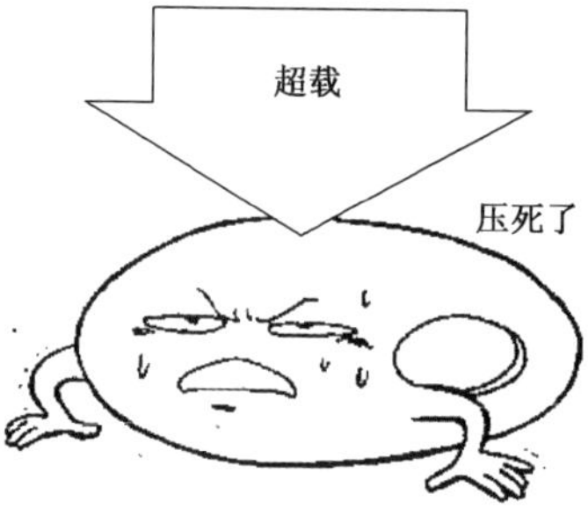

图 9-8　轮胎超载容易损伤

●保持各个轮胎的承载量基本相同

装载货物时，应使车辆所有的轮胎承受均匀的重量，否则，各个轮胎磨损不均衡，承载较重的轮胎加速磨损，从而缩短轮胎的使用寿命。如图 9-9 所示。

●不使用生锈、变形或焊接过的钢圈

生锈的钢圈会使该部分的气密性变差，造成漏气。变形或焊接过的钢圈会导致动平衡被破坏，形成轮胎的额外负担，造成不正常的胎冠磨损和帘线的早期断裂。因此，尽量不使用生锈、变形或焊接过的钢圈，以免轮胎早期损坏，如图9-10所示。

图9-9 承载不均匀使个别轮胎加速磨损

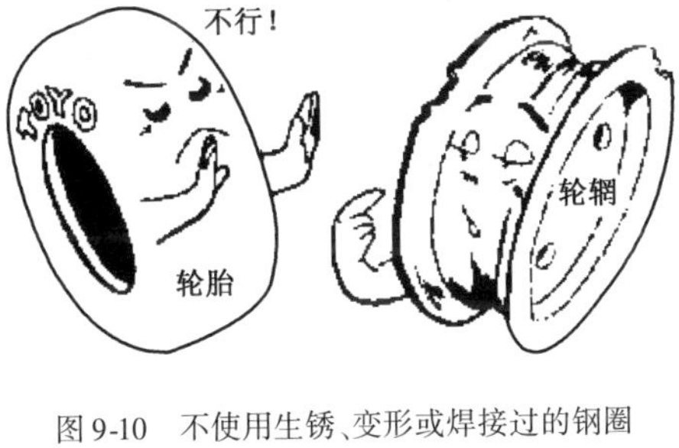

图9-10 不使用生锈、变形或焊接过的钢圈

●避免急加速、紧急制动和急转向

如果反复进行急加速、紧急制动等不正常的行驶，则会引起胎冠的不均衡磨损，从而减短轮胎的使用寿命，如图9-11所示。同时这也是造成胎冠剥离、纵向沟纹撕裂、轮胎爆裂的主要原因。

图 9-11　急加速、紧急制动使轮胎寿命减短

转向时速度过快，不仅会造成轮胎的急剧变形，使内部温度上升、帘布疲劳，轮胎处于容易爆裂的危险状态，而且还会发生打滑，引起交通事故，如图 9-12 所示。

图 9-12　急速转向易使轮胎爆裂

●其他注意事项

在轮胎使用中，除应注意以上问题外，还应做到以下几点：

①更换轮胎时，若胎边未到位，充气压力则不可超过

40psi；胎边完全到位以后，充气压力也不可超过胎侧所标示的最大气压。

②安装有压边的轮胎时，应将胎圈朝向墙壁或无人的方向。

③不要在同轴上混装不同规格和不同结构的轮胎。

④及时清除卡在胎面的碎石等杂物，以免损伤胎面。

⑤要使用与轮胎和轮圈配套的气门嘴，并保持气门嘴帽经常盖着，以免泥沙进入。使用气门嘴的一般性原则是：新轮胎必须用新气门嘴；橡胶气门嘴用于铁轮圈及S级和H级数的轮胎；金属气门嘴用于铝合金轮圈及VR级和ZR级数的轮胎。

⑥了解轮胎的可修补区域，如图9-13所示，发现轮胎有问题要及时修补。需修补的面积一旦超出了轮胎的可修补区域，则应放弃修补，更换新轮胎。

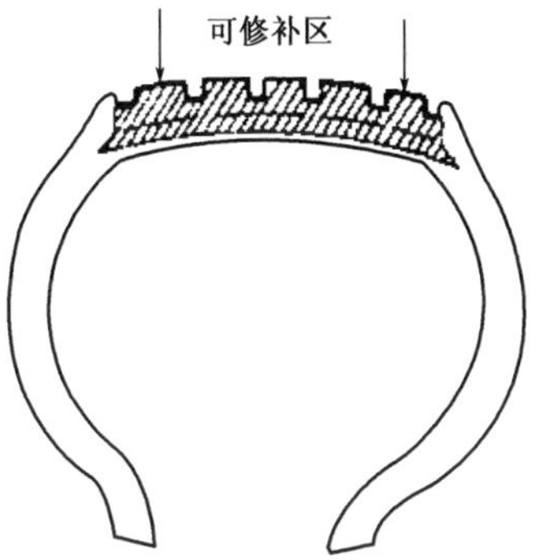

图9-13　轮胎的可修补区域